世界高山花卉研究

李　露　张应青　主编

中国农业出版社
北　京

《世界高山花卉研究》
编　委　会

主　　编：李　露　张应青

副 主 编：代希茜　莫　楠　王炎炎

编　　者（按姓氏笔画排序）：

王之凡　王百乐　王炎炎　田　江

代希茜　芮艳兰　李　勃　李　露

李立池　李忻蔚　何志强　张应青

姚　黎　莫　楠　郭　文

前言

FOREWORD

地球上大多数高海拔地区生长着种类繁多的高山植物，这些高山植物是生态系统的重要组成部分，为动物和微生物的生存和发展提供了必需的场所和食物资源，在维护生态平衡和保护环境方面起着重要的作用。就其本身的价值而言，这些高山植物也是人类赖以生存和发展的物质基础的一部分。了解和认识高山植物，并保护利用它们，对维护生物多样性、改善人类生存空间和提高生活质量而言意义重大。随着人口膨胀、环境污染、气候变化及资源的不合理开发利用，高山地区生物多样性受到威胁。部分高山植物花色艳丽，多姿多彩，机体物质成分特殊，具有观赏、药用等多种功能，是人类可直接利用的物质财富，面临的生存危机更大。保护高山生态环境，合理开发利用高山花卉资源，对促进人与自然和谐发展，推进生态文明建设具有重大意义。

一般而言，高山花卉资源较为丰富的国家和地区其花卉产业发展较好。中国云南省以生物多样性闻名于世，丰富的高山花卉资源和日益发达的花卉产业令人瞩目，为了促进高山花卉资源的保护与利用，我们在云南省科学技术厅的支持下，结合大量国内外文献、数据库、网站信息，并与相关境外科研机构合作，对世界五大洲的主要高山花卉资源及其保护利用情况作了全面梳理，并进行了数据搜集、整理与案例分析，把研究成果编写成书，供相关研究者、资源收集保护及产业开发人员、有兴趣的公众参考。

本书初稿完成后，中国科学院昆明植物研究所李爱荣研究员提出了很好的修改意见，在此对她的辛勤付出表示感谢。

特别说明的是，本书中部分植物未查询到中文名，故用拉丁文名表示。本书因涉及的知识面广、专业性强，难免存在不足之处，恳请广大读者和行业专家提出宝贵意见，以便再版时完善。

编　者

2024年6月

目 录
CONTENTS

前言

1 概述 …… 1

1.1 研究范围的界定 …… 1

1.1.1 世界主要山脉简介 …… 1

1.1.2 高山花卉的定义 …… 2

1.1.3 研究范围 …… 3

1.2 高山花卉分布区的气候特点和植物特征 …… 4

1.2.1 高海拔地区的主要气候特点 …… 4

1.2.2 高海拔地区的植物特征 …… 5

1.3 高山花卉产业的重要性 …… 6

2 中国高山花卉 …… 8

2.1 东北地区 …… 10

2.1.1 基本地理情况 …… 10

2.1.2 主要山脉 …… 11

2.1.3 主要高山花卉资源 …… 13

2.1.4 高山花卉资源开发利用现状 …… 19

2.2 西北地区 …… 23

2.2.1 基本地理情况 …… 23

2.2.2 主要山脉 …… 24

2.2.3 主要高山花卉资源 …… 27

2.2.4 高山花卉资源开发利用现状 …… 33

2.3 西南地区 …… 38
2.3.1 基本地理情况 …… 38
2.3.2 主要山脉 …… 39
2.3.3 主要高山花卉资源 …… 42
2.3.4 高山花卉资源开发利用现状 …… 58

3 亚洲高山花卉 …… 68

3.1 亚洲基本地理情况 …… 68
3.2 主要山脉 …… 68
3.2.1 伊朗-安纳托利亚地区 …… 68
3.2.2 高加索山脉 …… 69
3.2.3 帕米尔地区 …… 71
3.2.4 环太平洋岛带 …… 72
3.3 主要高山花卉资源 …… 74
3.4 亚洲花卉产业概况 …… 77

4 欧洲高山花卉 …… 82

4.1 欧洲基本地理情况 …… 82
4.2 主要山脉 …… 83
4.3 主要高山花卉资源 …… 84
4.4 资源保护与利用 …… 90
4.4.1 资源保护与利用概况 …… 90
4.4.2 欧洲高山花卉产业 …… 92

5 美洲高山花卉 …… 97

5.1 美洲基本地理情况 …… 97
5.2 主要山脉 …… 98
5.2.1 北美洲主要山脉 …… 98
5.2.2 南美洲主要山脉 …… 99
5.3 主要高山花卉资源 …… 100

5.4　资源保护与利用 …… 108
5.4.1　资源保护与利用概况 …… 108
5.4.2　美洲花卉产业 …… 109

6　非洲高山花卉 …… 121

6.1　非洲基本地理情况 …… 121
6.2　主要山脉 …… 122
6.3　主要高山花卉资源 …… 126
6.4　资源保护与利用 …… 134
6.4.1　资源保护与利用概况 …… 134
6.4.2　非洲花卉产业 …… 136

7　大洋洲高山花卉 …… 140

7.1　大洋洲基本地理情况 …… 140
7.2　主要山脉 …… 141
7.3　主要高山花卉资源 …… 142
7.4　资源保护与利用 …… 148
7.4.1　资源保护与利用概况 …… 148
7.4.2　大洋洲花卉产业 …… 150

8　高山花卉保护与利用 …… 153

8.1　概述 …… 153
8.1.1　保护与利用方式 …… 153
8.1.2　研究与开发 …… 155
8.2　特色高山花卉保护与利用案例 …… 157
8.2.1　龙胆 …… 157
8.2.2　高山杜鹃 …… 164
8.2.3　绿绒蒿 …… 171
8.2.4　报春花 …… 176

1 概 述*

1.1 研究范围的界定

1.1.1 世界主要山脉简介

山脉指呈线状延伸的山地，包括若干条山岭和山谷组成的山体，因像脉状被称为山脉。世界山脉主要分布在两大地带：一是美洲西部的科迪勒拉山系，二是由亚洲的喜马拉雅山、欧洲南部的阿尔卑斯山、非洲西北部的阿特拉斯山组成的山系。世界著名山脉有喜马拉雅山脉、安第斯山脉和阿尔卑斯山脉等。

喜马拉雅山脉，是世界海拔最高的山脉，位于青藏高原南巅边缘，全长2 450千米，主峰是世界最高峰珠穆朗玛峰，海拔 8 848.86 米，有地球第三极之称。它是东亚大陆与南亚次大陆的天然界山，也是中国与印度、尼泊尔、不丹、巴基斯坦等国的天然国界。

安第斯山脉，位于南美洲的西岸，范围从巴拿马一直到智利，从北到南全长 8 900 千米，是陆地上最长的山脉，从南美洲的南端到最北端的加勒比海岸绵亘形成一道连续不断的屏障。最高峰阿空加瓜山，海拔 6 962 米，为西半球和南半球第一高峰。安第斯山脉将南美洲狭窄的西海岸地区同大陆的其余部分分开，是地球重要的地形特征之一。

阿尔卑斯山脉，位于欧洲南部，西起法国东南部，经意大利北部、瑞士南部、列支敦士登、德国南部，东至奥地利和斯洛文尼亚。阿尔卑斯山脉长约1 200千米，平均海拔约 3 000 米。其中有 82 座海拔超过4 000米的山峰，最高峰是勃朗峰，海拔 4 805.59 米，位于法国和意大

* 撰稿人：代希茜，李露，李立池。

利的交界处。阿尔卑斯山脉是欧洲最高大的山脉，同时也是个巨大的分水岭，欧洲许多大河如多瑙河、莱茵河、波河、罗讷河等均发源于此。

大分水岭，位于澳大利亚东部，长约 3 000 千米，最高峰科修斯科山为澳大利亚最高点，海拔 2 230 米。该岭是印度洋和太平洋水系的分水岭。

昆仑山脉，西起帕米尔高原东部，有中国第一神山之称。它是亚洲中部大山系，也是中国西部山系的主干。全长约 2 500 千米，最高峰公格尔峰，海拔 7 649 米。

阿特拉斯山脉，位于非洲西北部，长 2 400 千米，横跨摩洛哥、阿尔及利亚、突尼斯三国，把地中海西南岸与撒哈拉沙漠分开。最高峰为图卜卡勒峰，海拔 4 167 米，位于摩洛哥西南部。

天山山脉，位于欧亚大陆腹地，东西横跨中国、哈萨克斯坦、吉尔吉斯斯坦和乌兹别克斯坦四国，全长 2 500 千米。托木尔峰是天山山脉的最高峰，海拔 7 443 米。天山山脉是世界上距离海洋最远的山系和世界干旱地区最大的山系。

落基山脉，是美洲科迪勒拉山系在北美的主干，被称为北美洲的“脊骨”，是北美大陆的重要分水岭。主要山脉从加拿大不列颠哥伦比亚省到美国西南部的新墨西哥州，南北纵贯 4 800 多千米，广袤而缺乏植被。最高峰埃尔伯特山，海拔 4 399 米。

1.1.2 高山花卉的定义

目前植物学界对高山花卉生长的海拔下限尚未明确界定。一般来说，人们把生长在较高山区的花卉称为高山花卉。为了客观反映高山花卉一般且本质的特征，学界通常将分布在海拔 3 000 米以上或者高山树线以上至雪线一带的具有观赏价值的植物称为高山花卉。事实上，即使生长在海拔 3 000 米以上的花卉，其中有些种在低山地区甚至平原仍可生存良好。不同植物对生境的适应幅度是不同的，依生境适应幅度，高山花卉可以分为宽幅高山花卉和窄幅高山花卉。宽幅高山花卉既可以生长在海拔较高处，也可以生长在低地平原，而窄幅高山花卉只能生长在一定海拔高处。

地球上存在许多限制森林分布的天然障碍，如低温、干旱、不利的土壤条件（如盐碱地或湿地）、强风等。在山地，森林线是郁闭的山地森林与无乔木的高山灌丛、草甸间的界限。树线指天然森林垂直分布的上限，树线以上即为高山灌丛和草甸。树线高度依地理位置不同而不同（图1-1），如中国东北长白山树线为1 800～2 100米，而四川西南部树线则为3 800～4 200米。树线大致由赤道向极地逐渐降低，在亚热带最高。由此可见，高山花卉分布的海拔界限因地理位置不同可能存在较大差异。

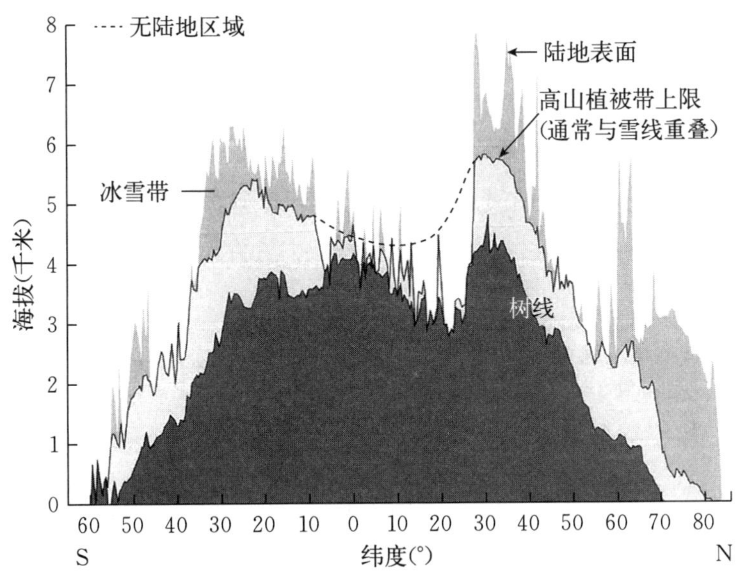

图1-1　高山树线及高山植被带沿纬度的分布情况①②

1.1.3　研究范围

本书以生长在海拔3 000米以上或者分布在高山树线以上至雪线一

① Körner C. Climatic treelines: conventions, global patterns, causes (Klimatische Baumgrenzen: Konventionen, globale Muster, Ursachen) [J]. Erdkunde, 2007, 61: 316-324.

② Körner C, Riedl S. Alpine Treelines: Functional Ecology of the Global High Elevation Tree Limits [M]. Berlin: Springer, 2012.

带高山地区的具有观赏价值的植物为主要研究对象，包括观花植物、观叶植物、观果植物、观形植物等。

1.2 高山花卉分布区的气候特点和植物特征

1.2.1 高海拔地区的主要气候特点

海拔 3 000 米以上的高原地区由于海拔高，有其特殊的地理条件和自然环境，具有气压低、氧分压低、寒冷风大、湿度低、太阳辐射强、紫外线强等显著特征。

一是气压低。在高原地区，由于海拔高，空气中的分子密度减小，因而空气稀薄，气压下降。随着海拔高度的上升，大气压逐渐降低。一般每升高 100 米，大气压下降 5 毫米汞柱。但在一定海拔高度上的大气压，随季节、气候类型和纬度的不同亦有变化。

二是氧分压低。高原上空气含氧百分比与平原相同，但单位容积内气体的分子数低于平原，所以随着海拔高度的上升，不仅大气压降低，空气中的氧分压也降低。

三是寒冷风大。高原地区气温随海拔升高而降低，一般每升高 100 米，气温降低约 0.6 ℃。纬度低的热带山区气温的季节性变化很小但昼夜温差较大，纬度较高的山区则相反。另外，高山地区阳光直射的地方与背阴处温差也相当大。风是高原寒冷的一个附加影响因素，随着海拔高度的上升，气流的速度也会增大。

四是湿度低。随着高度增加，大气中水蒸气的分压会降低，即海拔越高空气越干燥。如以海平面大气中水蒸气绝对含水量作为 100%，则在海拔 3 000 米时，空气中水蒸气绝对含水量不及海平面的 1/3。

五是太阳辐射强。高原空气稀薄，清洁，水蒸气含量少，大气透明度高，太阳辐射的透过率随海拔升高而增加。一般每升高1 000米，辐射强度增加 10%。

六是紫外线强。紫外线是太阳辐射中的一段。随着海拔高度的上升，紫外线的辐射强度也增加，一般每升高 100 米，紫外线辐射强度增加 3%～4%，而且出现波长短、生物活性较强的短波紫外线。

1.2.2 高海拔地区的植物特征

（1）花色艳丽且养分含量高

高山地区适于植物生长的季节很短，与植株相比，高山植物的花相对较大，颜色鲜艳，具有虫媒花的特征。高山上紫外线强烈，在其作用下花瓣细胞的染色体极易遭到破坏，阻碍核苷酸的合成。为了生存，花瓣体内自然产生大量类胡萝卜素和花青素，以吸收紫外线，保护染色体。类胡萝卜素使花瓣呈现黄色，花青素则使花瓣呈现红、蓝、紫色。紫外线越强，花瓣内这两种物质含量越高，花色越艳丽。在实验过程中，研究人员发现一些植物的糖和蛋白质含量较高，如刺参、豹子花等，约占干重的 23%。此外，植株体内还积累了丰富的次生代谢产物。为了减少霜冻的危害，植物通常发育有较厚的苞片，其紧紧地包裹着花芽，可以提高花序内部的温度，加速花序的发育，同时避免紫外线对配子体的伤害。在长期的适应过程中，许多高山植物都演化出了有性繁殖和无性繁殖两种繁殖方式。当外界条件适宜时，高山植物同时进行有性和无性繁殖，增加植物数量，扩大分布面积。当条件不适合有性繁殖时，高山植物则通过无性繁殖方式如匍匐茎、根茎或分蘖等进行繁殖。兼具有性繁殖和无性繁殖的高山植物，更能适应高山残酷的生态环境，是一个更为特化的植物类群。

（2）植株矮小且根系发达

高山环境具有气温低、昼夜温差大、土壤贫瘠、山风较强的特征。在这样严酷的环境条件下，植物生长缓慢。为了适应极端环境，花卉植株大多贴近地面生长或以细密的分枝紧抱形成垫状，这样既可减少寒风吹袭的影响，又能降低能量消耗。在长期的进化过程中，高山花卉植株普遍形成了较矮小的形态。不仅如此，生长在高山地区的植物，叶片大多退化缩小，角质层加厚，有的还特化成鳞片状、条状、柱状或针状等。同时茎、叶上还存在各种附属物，如毛状体、刺状物、角质层和蜡质层等，表皮附属物能够反射阳光，降低蒸腾作用，其中绒毛状附属物像给植株穿了“毛衣”，既能防寒，又能保温。大多数高山植物还有粗壮、深长且柔韧的根系，它们常生长在岩石的裂缝之间，从粗质的土壤里吸收营养和水分，以适应高山粗疏的土壤，以及在寒冷、干旱环境下生长发育的要求。

1.3 高山花卉产业的重要性

高山植物花色艳丽，五彩缤纷，是高山生态系统的重要组成部分，为动物和微生物的生存和发展提供了必需的场所和食物资源，在维护生态平衡和保护环境方面起着重要作用。就其本身的价值而言，这些高山植物也是人类赖以生存和发展的物质基础的一部分，是人类可直接利用的物质财富，也是自然界自身发展的阶段性产物。了解和认识高山植物，并保护利用它们，对维护生物多样性、改善人类生存空间和提高生活质量具有重要意义。随着人口膨胀、环境污染、气候变化及资源的不合理开发利用，高山地区生物多样性受到威胁，高山花卉同样也面临着危机。保护高山生态环境，合理开发利用高山花卉资源，丰富人类生活，美化人类生存环境，是我们的共同愿望。

花卉业作为世界各国农业中唯一不受农产品配额限制的产业，出口市场前景广阔，国内市场潜力巨大。花卉产业是促进我国农业产业结构调整及农民增收的重要产业，也是建设美丽中国的重要产业。根据农业农村部《“十四五”全国种植业发展规划》，到2025年，全国花卉生产总面积稳定在1 800万亩*左右，年销售额2 000亿元以上。提高主要商品花卉自育品种的市场占有率，花卉产业链供应链体系初步形成。在世界花卉产业格局发展变化过程中，“一带一路”倡议、乡村振兴战略实施为我国花卉产业发展带来了重要机遇。相对目前我国乡土观赏花卉种类少、商品花卉自育品种少的现状，高山花

* 亩为非法定计量单位，1亩≈667 $米^2$。余后同。——编者注

卉产业发展有着广阔空间。高山花卉资源的可持续利用将有力促进我国花卉产业的可持续发展。此外，高山花卉产业发展对濒危物种繁育与保护，生态、植被恢复，环境美化，一二三产业融合发展均具有重要意义。

2　中国高山花卉*

人们通常把山地、丘陵和比较崎岖的高原称为山区。中国是一个多山的国家，山区面积占全国总面积的2/3，其中超过3 000米的高原占国土面积的25.86%。最著名的是平均海拔4 000米以上的青藏高原。由青藏高原向北跨过昆仑山、祁连山，向东跨过横断山，地势逐渐下降，形成中国地形的第二阶梯，这就是地面崎岖的云贵高原、沟谷纵横的黄土高原和地面起伏和缓的内蒙古高原。中国山脉随高原大体呈东西走向，由此构成中国地理区域的重要分界线和地形的基本骨架。

中国大多数高原景象万千，山连山，水连水，雄、奇、险、秀兼而有之。高原上不同纬度、不同海拔高度、不同地形和生长环境下，分别生长着高山针叶林、高山灌丛和草甸、流石滩植被和冰缘植物等，多种植物群落构成了一幅景象独特的高原风光，而千姿百态、艳丽多彩的高山花卉则是这旖旎风光的重要组成部分。

高山植物是指生长在高海拔地区或树线以上、终年积雪带以下区域的植物物种。高山植物主要由罂粟科、杜鹃花科、莎草科、禾本科、菊科、毛茛科、十字花科和蔷薇科等植物组成。可作园林观赏的植物种类不下5 000种，生长在海拔3 000米以上的观赏植物也在千种以上。[①] 中国主要高山及树线分布见表2-1，中国主要高山见表2-2。

---

* 撰稿人：代希茜，李露，张应青，王之凡，芮艳兰，李勃。

① 郎楷永，冯志丹，李渤生．中国高山花卉［M］．北京：中国世界语出版社，1997.

表 2-1 中国主要高山及树线分布

名称	纬度范围	树线海拔（米）	林线下限（米）	高山林线树种	高山带面积（公顷）
长白山	北纬 41°42′～42°51′	2 100	1 800	岳桦	9 063.4
天山	北纬 42°18′～44°15′	2 800	1 800	雪岭云杉	83 293.0
阿尔金山	北纬 37°55′～39°35′	3 500	—	—	3 137.6
祁连山	北纬 37°16′～39°19′	3 600	2 600	祁连圆柏	16 345.1
贺兰山	北纬 38°07′～39°30′	3 200	2 600	青海云杉	755.5
太白山	北纬 33°49′～34°08′	3 400	2 800	秦岭红杉	2 678.7
摩天岭	北纬 32°39′～32°49′	3 450	2 900	秦岭冷杉	5 698.9
贡嘎山	北纬 29°20′～30°20′	3 800	2 700	冷杉	68 413.9
高黎贡山	北纬 24°40′～28°30′	4 000	3 200	急尖长苞冷杉	93 695.2
玉龙雪山	北纬 27°10′～27°15′	3 900	3 200	长苞冷杉	5 628.1
轿子雪山	北纬 26°00′～26°10′	4 000	3 200	急尖长苞冷杉	264.3
珠穆朗玛峰	北纬 27°48′～29°19′	4 300	3 600	糙皮桦	231 943.0
台湾山脉	北纬 22°36′～24°26′	3 998	3 000	台湾冷杉	3 277.2

表 2-2 中国主要高山①

名称	地理位置	海拔高度（米）	最高峰
东北地区			
长白山脉	吉林	1 000	白云峰（中国境内）
大兴安岭	内蒙古东北部，黑龙江西北部	1 100 以上	黄岗梁
小兴安岭	黑龙江	500 以上	平顶山
西北地区			
阿尔泰山脉	新疆	3 000	友谊峰
天山山脉	新疆	5 000	托木尔峰

① 傅华，吕岩松，袁炳忠，等．中华人民共和国年鉴 2022［M］．北京：中华人民共和国年鉴社，2022.

（续）

名称	地理位置	海拔高度（米）	最高峰
阿尔金山脉	新疆	4 000	苏拉木塔格峰
祁连山脉	青海东北部与甘肃西部边境	4 000 以上	岗则吾结（团结峰）
可可西里山脉	西藏东北部及青海西南部	6 000	岗扎日
巴颜喀拉山脉	青海	5 000 以上	年保玉则
阿尼玛卿山	青海东南部	5 000 以上	玛卿岗日
贺兰山	宁夏与内蒙古交界处	2 000 以上	敖包圪垯
秦岭	陕西南部、渭河与汉江之间的山地，东以灞河与丹江河谷为界，西止于嘉陵江	2 000	太白山
阿尔格山	新疆、西藏和青海交界处	5 000 以上	布喀达坂峰
	西南地区		
喜马拉雅山脉	青藏高原南巅边缘	6 000 以上	珠穆朗玛峰
横断山脉	四川、云南和西藏	4 000 以上	贡嘎山
冈底斯山脉	西藏	6 000	冷布岗日
唐古拉山脉	西藏东北部与青海边境处	6 000	各拉丹冬
念青唐古拉山脉	青藏高原西南部	6 000	念青唐古拉峰
昆仑山脉	横跨青海、四川、新疆和西藏	5 000 以上	公格尔山
喀喇昆仑山脉	西藏	6 000 以上	乔戈里峰
怒山	云南	4 000 以上	梅里雪山
	台湾		
中央山脉	台湾	3 000 以上	秀姑峦山
玉山山脉	台湾	3 000 以上	玉山

2.1 东北地区

2.1.1 基本地理情况

我国东北地区，地处东北亚的核心位置，东、北两面与朝鲜、俄罗斯为邻，西接内蒙古自治区，南连河北省，与山东半岛隔海相望，包括黑龙江、吉林、辽宁三省和内蒙古自治区东部的五盟市（呼伦贝尔市、兴安盟、通辽市和赤峰市、锡林郭勒盟）。地理位置为东经 115°05′～135°02′，北纬 38°40′～53°20′，南北纵跨 15°，东西横跨近 20°。东北地区的地形以平原、丘陵和山地为主，地表结构大致呈半环状的三带：外围是黑龙江、乌苏里江、图们江和鸭绿江等流域低地，中间是山地和丘陵，内部是广阔的平原。① 东北地区平原面积比重高于全国平原面积的比重，东北平原（具体分为松嫩平原、辽河平原、三江平原）、呼伦贝尔高平原及山间平地面积合计，与山地面积几乎相等。

东北地区自南向北跨中温带与寒温带，属温带季风气候，四季分明，夏季温热多雨，冬季寒冷干燥。自东南而西北，年降水量自 1 000 毫米降至 300 毫米以下，从湿润区、半湿润区过渡到半干旱区。水绕山环、沃野千里是东北地区地面结构的基本特征，主要土壤类型有暗棕壤、草甸土、黑土、棕壤、白浆土、黑钙土、沼泽土、栗钙土、栗褐土等。土质以黑土为主。森林覆盖率约为 47.2%，据第九次全国森林资源清查数据，东北全区［辽、吉、黑、内蒙古东四市（盟），总面积约 12 400 万公顷］共有森林 5 857 万公顷，占全国森林总面积的 27%；木材蓄积量 46 亿$米^3$，占全国木材总蓄积量的 26%。②

2.1.2 主要山脉

（1）长白山

长白山地处中国东北地区，位于吉林省东南部，是中国和朝鲜的交界处。长白山的最高峰是朝鲜境内的将军峰，海拔 2 749 米；中国境内最高峰是白云峰，海拔 2 691 米。广义的长白山是指中国辽宁、吉林、黑龙江三省东部山地及俄罗斯远东和朝鲜半岛诸多余脉的总称。狭义的长白山是指长白山脉的主峰与主脉，即包括长白山主峰在内的长白

① 张喜娟，陈琛，郜飞飞，等．中国东北兴安落叶松林空间分布及其对气候变化的响应［J］. 生态学杂志，2022，41（6）：1041－1049.

② 朱教君，张秋良，王安志，等．东北地区森林生态系统质量与功能提升对策建议［J］. 陆地生态系统与保护学报，2022（5）：41－48.

山脉，位于吉林省东南部地区，东经 127°40′～128°16′，北纬 41°35′～42°25′，是中朝两国界山。

长白山是松花江、鸭绿江和图们江的发源地，海拔差异明显，山脉自下而上形成梯度差异，由于各区域水热条件不同，自然植被多样，随着海拔的升高，植被垂直分布明显。长白山山脉自上而下年降水量可达 1 300 毫米，年相对湿度 67%左右，冬季与夏季温差大，降水主要集中在 6—8 月。长白山随着海拔升高，温度降低，降水量增多，温差增大，气象活动因子差异明显。相关调查显示，长白山的维管束植物有 1 323 种，约占东北地区植物种类的 70.2%。[①]

长白山的山体主要由玄武岩组成，主要有 5 个植物区系垂直分布带。在海拔 500～800 米区域，土壤为棕色森林土，年平均温度 3 ℃左右，年降水量 700 毫米左右，主要为阔叶混交林带；在海拔 800～1 100 米区域，土壤为暗棕色的森林土，年平均温度 2 ℃左右，年无霜期约 125 天，主要为针叶、落叶和阔叶混交林带；在海拔 1 100～1 800 米区域，年平均温度 2 ℃左右，终年云雾笼罩，主要为寒温针叶林带；在海拔 1 800 米以上区域，山脉地势陡峭，山体组成部分主要为火山喷发物，主要是矮曲林带；在海拔 2 000～2 700 米区域，年平均温度低、风力强，主要为山地苔原带。

长白山植被垂直景观及火山地貌景观是首批进入《中国国家自然遗产、国家自然与文化双遗产预备名录》的国家自然遗产。长白山先后被确定为首批国家级自然保护区、首批国家 AAAAA 级旅游景区、联合国教科文组织“人与生物圈计划”自然保留地和世界自然保护联盟评定的国际 A 级自然保护区。长白山及其天池、瀑布、雪雕、林海等，曾多次入选“吉尼斯”世界之最纪录。长白山在生态、生物、地质和历史等诸多方面都具有突出的普遍价值及丰富的文化内涵。

（2）大兴安岭

大兴安岭位于中国东北部，东经 117°20′～126°，北纬 43°～53°30′，

---

① 郜志娟，孟格蕾，史国强，等．长白山区域植物区系垂直分布格局探讨［J］．农业与技术，2019，39（7）：74－75.

全长 1 400 千米，地势西高东低，北部、西部和中部高。平均海拔 573 米；最高峰黄岗梁，海拔 2 029 米；最低海拔 180 米，为呼玛县三卡乡沿江村。大兴安岭冬寒夏暖，昼夜温差较大，年平均气温－2.8 ℃，最低温度－52.3 ℃，无霜期 90～110 天，年平均降水量约 746 毫米，属寒温带大陆性季风气候。

大兴安岭北部原始林区是我国面积最大的原始林区，地跨 9 个旗市。内蒙古大兴安岭重点国有林管理局负责对本原始林区统筹管理，管理局下设 19 个林业局，1 个北部原始林区管护局，在林区行使行政和社会管理功能。① 本原始林区位于东经 120°～122°，北纬 51°～53°，属寒温带，昼夜温差较大，具有丰富的植物资源、动物资源、淡水资源，其中 70％的森林受国家重点保护，110 万公顷的原始林尚未被开发，林相保持较好，腐殖质层厚，是一个巨大的“生物基因库”。②

（3）小兴安岭

小兴安岭位于黑龙江省东北部，东经 127°42′～130°14′，北纬 46°28′～49°21′，西北以五大连池—黑河与大兴安岭相接，东南达松花江谷地，东接三江平原，西以小兴安—铁力—巴彦为界，与松嫩平原相邻。南北长约 450 千米，东西宽约 210 千米，面积 77 725 千米^2。山脉呈西北-东南走向，山势和缓，整个地势东南高、西北低，地貌表现出明显的成层性，属低山丘陵地形。小兴安岭北部多台地、宽谷；中部为低山丘陵，山势和缓；南部属低山，山势较陡。最高峰为平顶山，海拔 1 429 米。

2.1.3 主要高山花卉资源

东北地区的高山花卉以长白山高山花卉最有特色，陡坡、峡谷、溪流旁及石缝中生长有较高观赏价值的野生球根花卉、野生宿根花卉、野

① 何潇，李海奎，曹磊，等．退化森林生态系统中林分碳储量的驱动因素：以内蒙古大兴安岭为例［J］．林业科学研究，2020，33（2）：69－76.

② 马慧敏．大兴安岭北部原始林区野生植物资源分布及保护利用［J］．特种经济植物，2021，24（9）：83－84.

生草本观赏花卉等。在海拔 1 900～2 000 米的高山苔原带，野生球根花卉共有 5 科 5 属 7 种，代表种类主要有高山乌头和高山红景天等；野生草本观赏花卉非常稀少，一年生、二年生草本观赏花卉仅有钝叶瓦松 1 种，多年生草本观赏花卉主要有小山菊、高山乌头、长白蜂斗菜、长白山龙胆、高山紫菀等。在海拔 2 300 米以上的高山荒漠带，野生球根花卉仅有 3 科 3 属 4 种，代表种类主要有倒根蓼和长白红景天；野生草本观赏花卉仅有受冰川影响来自北极和东西伯利亚地区的多年生草本植物，如倒根蓼、高山罂粟、高山龙胆、长白棘豆等。①

下面举例介绍东北地区主要高山花卉：

菊科（Asteraceae），狗舌草属（*Tephroseris*），长白狗舌草（*T. phaeantha*），多年生草本，产自吉林长白山，生于海拔 2 000～2 500 米的多石山坡，朝鲜也有分布。茎单生，直立，高 13～45 厘米，不分枝，被疏蛛丝状毛及柔毛，花后或多或少脱毛。基生叶少数，莲座状，具柄；茎生叶少数，向上部渐小，下部和中部叶长圆形，具有翅柄，或披针形，无柄，顶端钝至尖，渐尖，边缘近全缘或具尖头锯齿，被疏蛛丝状毛及腺状柔毛。头状花序径 1.8～2.5 厘米，2～6（～8）排成顶生伞形状伞房状花序；花序梗长 1.5～4（～6）厘米，被疏蛛丝状毛及密褐色腺毛，基部具苞片；总苞钟状。舌状花约 13，管部长 2.5～3 毫米，舌片黄色，长圆形，长 11 毫米，宽 2～2.5 毫米，顶端具 3 细齿，4 脉。管状花多数，花管黄色。瘦果圆柱形，长 3～3.5 毫米。花期 7—8 月。根及全草可用于清热利水，活血消肿，杀虫。

石竹科（Caryophyllaceae），卷耳属（*Cerastium*），长白卷耳（*C. baischanense*），中国特有植物。生长于海拔 1 700～2 400 米地区，多生于高山冻原和温泉附近的多石质火山口湖一带，尚未由人工引种栽培。多年生草本，高 6～20 厘米，全株密被开展柔毛。茎丛生，细弱，稍上升。茎下部叶片倒披针形，较小，顶端急尖，基部渐狭成短柄，两

---

① 邓志刚，孙厚军，孙杰，等．长白山高山花卉资源研析［J］．通化师范学院学报，2009，30（4）：61－63.

面及边缘均被疏柔毛；中上部茎生叶较大，叶片披针形或线状披针形，长 1.3～2 厘米，宽 2～4 毫米，顶端急尖，基部楔形，中脉明显，叶腋具不育短枝。聚伞花序顶生，具 3～5 朵花；苞片草质，宽披针形，顶端急尖，被疏柔毛；花梗长 4～15 毫米，密被开展的毛；萼片长圆状披针形或近长圆形，长 4～5 毫米，顶端钝，外被疏柔毛，边缘膜质；花瓣白色，比萼片稍长，长圆状倒卵形，长 5～5.5 毫米，宽 2～2.5 毫米，顶端 2 裂，达花瓣 1/5～1/4 处，基部楔形，无毛；雄蕊 10，比花瓣短，花丝无毛；花柱 5。蒴果圆柱形，长 8～10 毫米，10 齿裂，裂齿直立；种子宽卵形，稍扁，长 0.7～0.8 毫米，被疣状凸起。花期 6—8 月，果期 7—8 月。

景天科（Crassulaceae），红景天属（*Rhodiola*），库页红景天（*R. sachalinensis*），多年生草本，生于海拔 1 600～2 500 米的山坡林下、碎石山坡及高山冻原。分布于吉林抚松、安图等县及黑龙江尚志市、宁安市、海林市等地。朝鲜、日本、俄罗斯也有分布。根粗壮，通常直立，少有为横生；根颈短粗。花茎高 6～30 厘米，其下部的叶较小，疏生，上部的叶较密生，叶长圆状匙形、长圆状菱形或长圆状披针形，长 7～40 毫米，宽 4～9 毫米。聚伞花序，密集多花，宽 1.5～2.5 厘米，下部托似叶；雌雄异株；萼片 4，少有 5；花瓣 4，少有 5，淡黄色；雄花中雄蕊 8，较花瓣长，花药黄色，有不发育的心皮；雌花中心皮 4，花柱外弯；鳞片 4，长圆形，长 1～1.5 毫米，宽 0.6 毫米。蓇葖披针形或线状披针形，直立，长 6～8 毫米，喙长 1 毫米；种子长圆形至披针形，长 2 毫米，宽 0.6 毫米。花期 4—6 月，果期 7—9 月。库页红景天以根和根茎入药，主要成分为红景天苷及苷元酪醇，具有滋补、抗疲劳、抗缺氧、抗辐射等功效。

杜鹃花科（Ericaceae），松毛翠属（*Phyllodoce*），松毛翠（*P. caerulea*），常绿小灌木，多生于高山冻原和石质山坡，对维持生态平衡有一定作用。分布于朝鲜、日本、俄罗斯、中国等国及北欧、北美地区。在中国分布于吉林（长白山）、内蒙古（大兴安岭）和新疆（阿尔泰山）。生长于亚高山草原、苔原、山地灌丛和草甸。茎平卧或斜升，多分枝，地面上直立枝条高 10～30（～40）厘米。叶互生，密集，近无柄，革质，线形。伞形花序顶生；苞片 2，宿存；花梗细长，线状，花时长约 2 厘米；花冠卵状壶形，红色或紫堇色，口部稍缩小，檐部 5 裂，裂片齿状三角形。蒴果近球形，长 3～4 毫米；种子广椭圆形，黄色。花果期 6—8 月。松毛翠株形矮小优美，枝叶密集，花色粉红，色泽艳丽，具有较高的观赏价值，可驯化为假山的观赏绿化植物和用于制作盆景。松毛翠在中国分布较狭，呈间断分布，对研究植物区系有科学价值。

杜鹃花属（*Rhododendron*），牛皮杜鹃（*R. aureum*），常绿小灌木，生于海拔 1 000～2 506 米的高山草原地带或苔藓层上。分布于中国、俄罗斯、蒙古国、朝鲜、日本。株高 10～50 厘米。茎横生，侧枝斜升，具宿存的芽鳞。叶革质，常 4～5 枚集生于小枝顶端，倒披针形或倒卵状长圆形，上面暗绿色，下面淡绿色。顶生伞房花序，有花 5～8 朵；花冠钟形，长 2.5～3 厘米，淡黄色，5 裂，裂片近于圆形，稍不等大，上方一片具红色斑点。蒴果长圆柱形。花期 5—6 月，果期 7—9 月。该种叶大花美，是东北稀有的常绿观赏植物，有利于保持水土，在维持生态平衡方面有重要作用。此外，它还是育种的种质资源。本种叶内含有芳香油，可用作调香原料，根、茎、叶含鞣质，可提制栲胶，叶又可代茶用（《中国经济植物志》），具有较高的经济价值。

云间杜鹃属（*Therorhodion*），云间杜鹃（*T. redowskianum*），矮小落叶灌木，产自吉林长白山，生于海拔 2 000～2 600 米的高山草原、天池边或岩石旁。西伯利亚东部也有分布。高约 10～20 厘米，从基部分枝，幼枝被腺毛，老枝亮灰色，无毛。叶簇生，纸质，匙状倒披针形，先端钝，基部渐狭，齿尖具白腺毛。总状花序，具叶状总苞，花 2～4 朵；花梗长 5～10 毫米，被腺毛；花冠漏斗状，5 浅裂，红紫色，裂缘呈不规则波状。蒴果卵球形，长 6 毫米。花期 7—8 月，果期 9—10 月。该种具有栽培和园艺价值。

豆科（Fabaceae），棘豆属（*Oxytropis*），长白棘豆（*O. anertii*），

多年生草本，生于海拔 2 000～2 660 米的高山冻原、高山草甸、高山草原、高山石缝、林缘和向阳山坡，产自吉林长白山。朝鲜也有分布。植株高 5～25 厘米。根圆锥状、圆柱状，侧根少，直伸。茎极缩短，丛生，羽状复叶长 4～12 厘米；托叶膜质，卵状披针形，长约 15 毫米，于 3/4 处与叶柄贴生，分离部分先端长渐尖，疏被白色长柔毛。2～7 花组成头形总状花序；花冠淡蓝紫色。种子多数，圆肾形，深褐色。花果期 6—9 月。长白棘豆是绿地覆盖植物，可以引种栽培。

龙胆科（Gentianaceae），龙胆属（*Gentiana*），长白山龙胆（*G. jamesii*），多年生草本，生于海拔 1 100～2 450 米的山坡草地、路旁、岩石上。分布于辽宁、吉林等地。朝鲜、日本也有分布。株高10～18 厘米，具匍匐茎。茎直立，常带紫红色，光滑，不分枝，或有少数分枝。叶略肉质，宽披针形或卵状矩圆形。花数朵，顶生，无柄；花萼管状，绿色，长 7～10 毫米，卵圆形；花冠宽筒形，长 25～30 毫米，蓝紫色，5 浅裂，裂片卵圆形，长 6～9 毫米；花药箭头状；子房具长柄，花柱短，柱头 2 裂。蒴果内藏，宽矩圆形。花果期 7—9 月。

罂粟科（Papaveraceae），罂粟属（*Papaver*），长白山罂粟（*P. radicatum* var. *pseudoradicatum*），多年生草本，生长在海拔 1 600～2 600 米的长白山砾石地、岩石坡及高山冻原带。分布于吉林安图、抚松、长白等县。朝鲜也有分布。植株矮小，高 5～15 厘米，全株被糙毛。主根圆柱状。叶全部基生，叶片轮廓卵形至宽卵形，两面灰绿色，被紧贴的糙毛。花葶 1 至数枚，密被紧贴或斜展的糙毛；花单生于花葶先端，直径 2～3 厘米；花蕾近圆形至宽椭圆形，密被紧贴或斜展的糙毛；萼片 2；花瓣 4，宽倒卵形，淡黄绿色或淡黄色；雄蕊多数，花丝丝状，长 4～7 毫米，花药长圆形，长 1～1.5 毫米，黄色；子房长圆形，长 4～5 毫米，粗 2.5～3 毫米，密被紧贴的糙毛，柱头约 6，辐射状。蒴果倒卵形，长约 1 厘米，密被紧贴或斜展的糙毛；柱头盘平扁。花果期 6—8 月。除观赏外，长白山罂粟可作镇痛药物的原料。

毛茛科（Ranunculaceae），乌头属（*Aconitum*），高山乌头（*A. monanthum*），多年生草本，生于海拔 1 200～2 600 米山坡草地。分布

于中国吉林长白山。朝鲜北部也有分布。株高 20 厘米左右。茎细弱，叶柄部扩大，抱茎，叶裂片狭窄，近线形。花单独顶生或数朵形成聚伞花序；花梗长 5 厘米，无毛；小苞片三裂或线形；萼片紫色，外面无毛，上萼片盔形，高 1.1～1.5 厘米，下缘长 1.4～2 厘米，稍凹，外缘近垂直，喙长 4～5 毫米，侧萼片长 1～1.4 厘米；花瓣无毛，瓣片大，长约 10 毫米，唇长约 3.5 毫米，末端二浅裂，距长约 1.5 毫米，向后弯曲；雄蕊无毛，花丝全缘或在上部有 2 小齿；心皮 3，无毛。蓇葖长约 1.8 厘米；种子长约 3 毫米，三棱形，密生横膜翅。花期 7—8 月。除观赏外，高山乌头可全株入药。耧斗菜属（*Aquilegia*），白山耧斗菜（*A. japonica*），多年生草本，生于海拔 1 400～2 500 米山坡草地。分布于中国吉林长白山。朝鲜及日本也有分布。根细长圆柱形，不分枝，外皮黑褐色。茎通常单一，直立，高 15～40 厘米。叶全部基生，少数，二回三出复叶；小叶卵圆形，三全裂。花 1～3 朵；苞片线状披针形；萼片蓝紫色，椭圆状倒卵形；花瓣瓣片黄白色至白色，短长方形；雄蕊约与瓣片等长，花药宽椭圆形，灰色或黄色。花期 7 月。该种具有较高的观赏价值。花、茎、叶、根可入药。毛茛属（*Ranunculus*），白山毛茛（*R. paishanensis*），多年生草本，生于吉林长白山海拔 2 400 米左右的高山潮湿草原。须根多数簇生。茎直立，高 30～70 厘米，中空，有槽，具分枝，生开展或贴伏的柔毛。聚伞花序有多数花，黄色，具光泽；花直径 1.5～2.2 厘米；花梗长 8 厘米，贴生柔毛；萼片椭圆形，长 4～6 毫米，生白柔毛；花瓣 5，倒卵状圆形，长 6～11 毫米，宽 4～8 毫米，基部有长约 0.5 毫米的爪，蜜槽鳞片长 1～2 毫米；花药长约 1.5 毫米；花托短小，无毛。聚合果近球形，直径 6～8 毫米，瘦果扁平，长 2～2.5 毫米。花果期 4—9 月。除观赏外，该种可作药材。金连花属（*Trollius*），长白金莲花（*T. japonicus*），多年生草本，生于海拔 1 200～2 300 米潮湿草坡。分布于吉林长白山，在中俄边界萨哈林岛（库页岛）和日本也有分布。植株全部无毛。茎高 26～55 厘米，直立。基生叶有长柄，有时在开花时枯萎；叶片五角形，基部心形；叶柄基部具狭鞘。花单生或 2～3 朵组成疏松的聚伞花序；苞片似茎上部叶，渐变小；萼片黄色，倒卵形或倒卵圆形，顶端圆形；花瓣线形，顶端钝。蓇葖果，种子椭圆球形，黑色，有光泽。花期 7—8 月，果期 9 月。花可药用，有清热解毒、明目之功效。

蔷薇科（Rosaceae），仙女木属（*Dryas*），东亚仙女木（*D. octopetala* var. *asiatica*），常绿半灌木，生于海拔 2 200～2 800 米的高山草原。分布于吉林（长白山）、新疆（天山）。日本、朝鲜等地的高山冻原带也有分布。茎丛生，高 3～6 厘米，基部多分枝，成片生长。叶亚革质，椭圆形、宽椭圆形或近圆形，有圆钝锯齿，上面疏生柔毛或无毛，下面有白色绒毛。花直立，花瓣白色，长 8～10 毫米。瘦果矩圆卵形，长 3～4 毫米，褐色，有长柔毛，先端具宿存花柱，长 1.5～2.5 厘米，有羽状绢毛。花果期 7—8 月。东亚仙女木对高山冻原有良好的水土保持作用，也可作为盆景或绿地植被。地榆属（*Sanguisorba*），大白花地榆（*S. stipulata*），多年生草本，生于海拔 1 400～2 300 米的山地、山谷、湿地、疏林下及林缘。分布于吉林、辽宁。朝鲜、日本等国及北美地区也有分布。根粗壮，深长，疏散地长出若干细根。茎高 35～80 厘米，光滑。羽状复叶，小叶 4～6 对；叶柄有棱，无毛；小叶有柄，椭圆形或卵状椭圆形，先端圆，基部心形或深心形、稀微心形，有粗大缺刻状急尖锯齿，上面暗绿无毛；茎生叶 2～4，与基生叶相似，向上小叶对数渐少；基生叶托叶膜质，黄褐色，无毛；茎生叶托叶草质，绿色，卵形，有缺刻状锯齿。穗状花序直立，从基部向上开放，花序梗无毛；苞片窄带形，无毛或外被疏柔毛，与萼片近等长；萼片 4，椭圆状卵形，无毛；雄蕊 4，花丝从中部开始扩大，比萼片长 2～3 倍。瘦果被疏柔毛，萼片宿存。花果期 7—9 月。

2.1.4 高山花卉资源开发利用现状

（1）东北地区花卉产业

辽宁省地处北温带，四季分明，气候温和，光热资源充足，生长季节干燥冷凉，昼夜温差较大，有利于花卉特别是球根花卉生长和营养积累。特别是辽南地区，温度湿度、光热条件适合鲜切花生产，具有发展球根花卉种球繁育、鲜切花生产的优势。辽宁既有起源古老的野生花卉，又有品种繁多的栽培花卉（如君子兰、杜鹃、大丽花）。辽宁有 33 科 96 属 150 余种野生花卉资源。[①] 2020 年，辽宁省花卉种植面积达 60 多万亩，直接产值实现 80 亿元，出口额近亿美元，规模花卉市场 140 多个，规模花卉企业 2 000 多家，大中型花卉企业 500 多家，花农近 12 000 户，从业人员 30 多万人，鲜切花产量 20 亿枝，种球产量 6 亿粒。花卉产品主要以种球、鲜切花、盆花和观赏苗木为主。产品 50% 以上销往省外市场，国内市场覆盖北京、上海、广东、福建、江苏、安徽、浙江等 20 多个省份。出口花卉以百合、玫瑰、菊花等鲜切花，君子兰、蝴蝶兰盆花和保鲜礼品花、干花工艺品等为主，出口市场主要为日本、韩国、俄罗斯等国家。辽宁已成为全国最大的球根花卉种球繁育基地和主要鲜切花生产基地，每年为全国提供的优质鲜切花球根种球数量占全国种球需求量的 30% 以上。全省花卉出口额居全国第五位。鲜切花种植面积和种球用花卉种植面积居全国首位，销售量居全国前三位。辽宁有君子兰盆栽 10 亿盆之多，占有量居世界前列，君子兰、杜鹃盆花享誉国内外，在中国花卉博览会和世界园艺博览会上屡获金奖。

吉林省位于东北平原中部，地势东南高、中西部低，花卉产业发展受地形和气候影响，形成了东中西部不同的区域布局。近年来，吉林省花卉产业以“突出特色，优化产业”为发展总思路，形成了东部以长白山为核心的野生花卉驯化区，以长春市和吉林市为核心的中部平原鲜切花、盆花和苗木生产区，以白城、松原盐碱地为核心的西部草原工业用花卉生产区，并根据产业区域布局开展花卉生产。2019 年，全省花卉生产面积 1.8 万公顷，其中观赏苗木生产面积约 1.5 万公顷，盆栽植物类生产面积约 0.3 万公顷，总销售额 31.74 亿元，有大型花卉市场 32 个，种植面积大于 3 公顷或营业额超过 500 万元的大中型企业 21 家。[②]

① 辛岩，桐海玥．做大做强花卉产业助推辽宁乡村振兴［J］．农业经济，2021（4）：39－40．

② 凤凰网吉林综合．深挖发展土壤！吉林花卉行业专家云集长春共商“花事”［EB/OL］．凤凰网，（2021－03－24）［2022－07－21］．http：//changchun.ifeng.com/c/84qacFVeqWo.

吉林省花卉生产类型以观赏苗木、盆栽植物为主。种植面积比重较大的为观赏苗木和君子兰产业。吉林省绿化苗木生产面积在全省花卉产业中占比较大。随着观光农业的兴起和花卉企业的不断发展，吉林省花卉行业发展呈现出与产品加工、乡村旅游、休闲观光、都市农业、农事体验等相结合的一二三产业融合发展模式。四平市北方巴厘岛主题乐园投资1.5亿元建成四平新旅游点，其中薰衣草庄园深受欢迎，高峰时每天接待游客近万人；辽源东丰花海占地158公顷，栽植百日菊、蛇目菊、马鞭草、油葵、松果菊、金银花、鼠尾草等22种花卉，打响了东丰的旅游品牌，单日游客量5 000余人，有效带动了东丰县餐饮、住宿等旅游消费。花卉产品深加工不断发展，较有代表性的有通化市和吉林市的玫瑰加工、四平市的百合食品开发等。为了促进产业的健康快速发展，吉林省十分重视花卉产品流通体系和信息交易平台建设，截至2019年年底，吉林省有大型花卉批发市场21个，有效地拉动了产品销售，促进了产业升级。随着电子商务的兴起，吉林省花卉市场供销方式也发生了改变。从传统的等待花卉经销商上门销售模式，逐步转向网上订货、电话订单、展会洽谈、现场销售等多种模式。2017—2018年，吉林省的鲜切花网店、微店等电子商务平台销量占鲜切花总销售量的30%～40%；2019年，君子兰的市场销售90%以上是通过快手、火山等网络平台直播销售，且以三年生至五年生的带花君子兰为主。

黑龙江省气候相对寒冷，花卉业发展受到气温的限制。但随着科技水平迅速发展，黑龙江省因地制宜发展寒地花卉产业，截至2020年，黑龙江省鲜切花产量超过2 000万枝，产值超过1亿元，主要种植寒地特色菊花、百合、雏菊等鲜切花。

（2）高山花卉资源利用

吉林省自然地理条件特殊，高山花卉的地域资源优势明显，因此，东北地区高山野生花卉的研究、利用、开发主要集中在吉林省。下面以吉林省为例，对东北地区高山花卉资源开发利用情况进行探讨。

吉林省长白山是天然的花卉种质资源宝库，野生花卉种类繁多。吉林省长白山野生花卉驯化以东部山区为主，通化市特产技术研究所、北方特产园艺研究所、吉林省长白山科学研究院和延边大学等企业、科研院所、高校多年来一直致力于长白山野生资源研究，现已成功驯化栽培的长白山野生观赏植物有牛皮杜鹃、五味子、山葡萄、地锦、鸢尾、冰凌花、乌头、白头翁、百合等40余种。

野生花卉方面，北方特产园艺研究所在通化县建立了长白山野生大花杓兰繁育基地。吉林省长白山科学研究院在长白山建立了红景天培育基地。① 通化师范学院利用特色技术已成功培育出粉色和红色的高山杜鹃。吉林农业大学通过组培技术繁育长白山野生花卉，已经实现东北对开蕨的小规模生产，并将其成功还原至长白山原产地。这些工作为吉林省进一步对长白山野生花卉资源进行开发、研究和驯化奠定了基础。种球花卉方面，吉林省四季分明、土壤肥沃，适合种球花卉的生长和繁育，在冷凉气候条件下繁育出的种球花卉不易发生退化，性状表现良好。从长白山区域驯化引进的17科44属82种种球花卉已得到迅速发展。②

吉林省野生花卉资源十分丰富，开发潜力巨大，利用价值较高，但由于对野生花卉资源开发利用方面投入较少，致使很多珍贵品种花卉开发进程缓慢。近年来，中国农业科学院特产研究所、吉林省长白山科学研究院、吉林农业大学、吉林农业科技学院等机构在长白山区域野生观赏花卉品种驯化方面取得了一定突破，但是距离形成产业化发展还有一定距离。2015年，农业部授权的花卉新品种共145个，林业部授权观赏植物新品种121个，但是众多新品种的所有权人并没有来自吉林省的机构，说明吉林省花卉育种能力不强，拥有自主知识产权的花卉品种较少，过度依赖花卉产业发达省份的花卉新品种和新技术，自身创新能力较弱。

---

① 王连君，韩玉珠，陈丽，等．吉林省园艺产业现状与展望［J］．吉林农业大学学报，2018，40（04）：433－439.

② 张家琦．吉林省花卉产业发展现状及对策研究［D］．长春：吉林农业大学，2021.

2.2 西北地区

2.2.1 基本地理情况

西北地区是中国西北内陆的一个区域，位于昆仑山—阿尔金山—祁连山和长城以北，大兴安岭、乌鞘岭以西，包括陕西省、青海省、甘肃省、宁夏回族自治区和新疆维吾尔自治区。① 地理位置为东经 73°15′～111°15′，北纬 31°32′～49°10′，面积超过 300 万千米^2，约占中国陆地国土面积的 30%。中国西北地区地形复杂，以高原和盆地为主，除沙漠、草原等干旱区独有的生态系统，还有冰川、湖泊、绿洲等。② 西北地区地域广阔，地处大陆腹地，降水量少，蒸发量大，气候干旱，生态环境十分脆弱。西北干旱区的灌溉农业和半干旱区的雨养农业既有其突出的典型性，也是我国农业的典型代表。同时，西北地区也是气候变化的敏感地区和生态环境脆弱区。该区域属温带大陆性气候，主要气候特点为光热资源丰富，干燥少雨，蒸发强烈，昼夜温差大，是中国日照和太阳辐射最充足的地区。年降水量从东部的 400 毫米左右，往西减少到 200 毫米，甚至 50 毫米以下。西北地区多为高寒、干旱、沙漠化和石漠化地区，土壤盐碱化，稀疏植被覆盖是其主要特征，自然景观从森林逐渐过渡到草原、荒漠。林草植被覆盖率总体不高。

据各省份人民政府网站数据公开信息，截至 2022 年，新疆的森林覆盖率为 5.02%，陕西的森林覆盖率为 46.39%，宁夏的森林覆盖率为 10.95%，青海的森林覆盖率为 7.50%，甘肃的森林覆盖率为 11.33%。

---

① 刘宪锋，任志远．西北地区植被覆盖变化及其与气候因子的关系［J］. 中国农业科学，2012，45（10）：1954－1963.

② 李亮亮．中国西北复杂地形区降水精细化特征分析［D］. 北京：中国气象科学研究院，2021.

2.2.2 主要山脉

(1) 阿尔泰山脉[①]

阿尔泰山脉，位于东经 83°～104°，北纬 42°～50°，呈西北-东南走向，斜跨中国、哈萨克斯坦、俄罗斯、蒙古国，绵延 2 000 余千米。中国境内的阿尔泰山属中段南坡，山体长 500 余千米，海拔 1 000～3 000 米。主要山脊海拔在 3 000 米以上，北部的最高峰为友谊峰，海拔 4 374 米。阿尔泰山脉与天山山脉、昆仑山脉、塔里木盆地、准噶尔盆地形成“三山夹两盆”的地貌格局。山地植被垂直分布明显。1 100 米以下为山麓草原带；1 100～2 300 米为森林带，生长新疆五针松、新疆冷杉、云杉等；2 300 米以上为山地草甸带与亚高山草甸带，是良好的夏季牧场。该地区降水较为丰富，降水量随海拔上升增加和由西而东递减，冬夏多，春秋少，低山年降水量 200～300 毫米，高山可达 600 毫米以上。降雪多于降雨，且积雪时间随海拔上升而延长，中高山积雪长达 6～8 个月，低山仅 5～6 个月。气温随海拔上升而降低。阿尔泰山区气候垂直梯度变化明显，具有冬长夏短而春秋不显的特征。

(2) 天山山脉

天山山脉，位于东经 70°～95°，北纬 40°～45°，东西横跨中国、哈萨克斯坦、吉尔吉斯斯坦和乌兹别克斯坦四国，全长约2 500千米，南北平均宽 250～350 千米，最宽处达 800 千米以上，是世界上最大的独立纬向山系，也是世界上距离海洋最远的山系和全球干旱地区最大的山系。中国境内的天山山脉把新疆大致分成两部分：南边是塔里木盆地，北边是准噶尔盆地。托木尔峰是天山山脉的最高峰，海拔 7 443 米。锡尔河、楚河和伊犁河都发源于天山。中国境内天山山脉由三列平行的褶皱山脉组成，山势西高东低，山体宽广。天山北脉有阿拉套山、科古

① 赵兴有．阿尔泰山脉［M/OL］．中国大百科全书第三版网络版，（2022－01－20）［2022－11－20］．https：//www.zgbk.com/ecph/words?SiteID＝1&ID＝75684&Type＝bkzyb&SubID＝76664.

尔琴山、博罗科努山、博格达山等，天山中脉（主干）有乌孙山、那拉提山、艾尔温根山、霍拉山等，天山南脉有科克沙尔山、哈尔克山、贴尔斯克山、喀拉铁克山等。天山是世界上唯一由巨大沙漠夹持的大型山脉，以深居内陆的地理区位、温带大陆性干旱气候、山盆相间的地貌格局、众多的冰川河流、绝妙的自然景色、特殊的生物区系和生态过程等诸多自然特征，成为世界温带干旱区大型山地生态系统的典型代表。天山山地年降水量的特点是：同一山坡自西向东逐渐减少，山地迎风坡（北坡）多于背风坡（南坡），山地内部盆地或谷地少于外围山地。位于天山内部的巴音布鲁克草原海拔 2 438 米，年均降水量仅 276.2 毫米，比同海拔的山地少。天山北坡的年均降水量多在 500 毫米以上，是中国干旱区中的湿岛。其中以西段的中山森林带年降水量最多，达 1 139.7 毫米（1970 年记录）。① 海拔接近海平面的托克逊县年均降水量最少，只有 6.9 毫米。天山山脉降水季节变化很大，最大降水集中在 5、6 两月，2 月最少。受海拔不断上升的地形因素制约，天山从山脚到山顶，便出现了规律性的植被分布垂直带谱：前山山麓荒漠带—半荒漠带—山地干草原带—森林带—森林草原带—亚高山草原草甸带—高山垫状植被带—高山石质寒漠带—终年积雪带。

(3) 昆仑山脉

昆仑山脉是横贯中国西部的高大山脉，位于青藏高原北缘，横贯新疆、西藏，延伸至青海境内，是亚洲中部的大山系，中国西部山系的主干。昆仑山脉西起帕米尔高原东部，东到柴达木河上游谷地，于东经 97°～99°处与巴颜喀拉山脉和阿尼玛卿山（积石山）相接，全长 2 500 余千米。昆仑山脉西窄东宽，西高东低，总面积 50 多万千米^2。南北最宽处在东经 90°，达 350 千米；最窄处在东经 81°附近，为 150 千米。平均海拔 5 500～6 000 米，最高峰为公格尔山，海拔 7 649 米，雪线范围

① 岳健，尤联元，胡汝骥．天山山脉［M/OL］. 中国大百科全书第三版网络版，(2022-01-20)［2022-11-20］. https://www.zgbk.com/ecph/words?SiteID=1&ID=75683&Type=bkzyb&SubID=76663.

4 500～6 080 米。该山脉几乎完全不受印度洋和太平洋季风的气候影响，却在大陆气团的持续影响之下，发生年气温和日气温的巨大波动。山脉中段最干燥，西部和东部相对缓和。最干燥的地区，年降水量在山麓不足 50 毫米，在高海拔区约为 102～127 毫米；在帕米尔高原和西藏诸山附近，年降水量增加到 457 毫米。昆仑山脉地区主要植被类型是高寒草原和高寒草甸，高山冰缘植被也有较大面积的分布。其中，高寒草原是该区分布面积最大的植被类型。昆仑山脉主要植物有紫花针茅、扇穗茅、青藏薹草等，常见的伴生植物有垫状滇藁本、紫羊茅、沙生风毛菊等。

(4) 祁连山脉

祁连山脉，位于青海省东北部与甘肃省西部边境，东经 94°10′～103°04′，北纬 35°50′～39°19′，由多条西北-东南走向的平行山脉和宽谷组成。东西长 800 千米，南北宽 200～400 千米，山峰海拔多在 4 000～6 000 米，面积约 2 062 千米^2。祁连山脉西端在当金山口与阿尔金山脉相接；东端至黄河谷地，与秦岭、六盘山相连。山脉属褶皱断块山，最宽处在酒泉市与柴达木盆地之间。最高峰为疏勒南山的团结峰，海拔 5 808 米。海拔 4 000 米以上的山峰终年积雪。山间谷地也在海拔 3 000～3 500 米之间。祁连山区年平均气温在 4 ℃以下，随着海拔高度的升高气温逐渐降低，递减率为每百米 0.58 ℃。山顶温度一般低于 0 ℃，常年积雪。最冷的 1 月平均气温低于－11 ℃，最热的 7 月平均气温低于 15 ℃，12 月至次年 3 月，祁连山区大部分地区气温都在 0 ℃以下，4—10 月最高气温在4～15 ℃。祁连山林区是河西走廊降水较多的区域，年均降水量在 400 毫米左右。降水主要集中在 5—9 月，约占年降水总量的 89.7%。随着海拔升高，降水量增多。祁连山区气候冷湿，有利于牧草生长，在海拔2 800米以上的地带，分布有大片草原，为发展牧业提供了良好场所。祁连山区植被较好，有许多天然牧场。自海拔 2 000 米向上，植被垂直带分别为荒漠草原带（海拔 2 000～2 300 米）、草原带（2 300～2 600 米）、森林草原带（2 600～3 200 米）、灌丛草原带（3 200～3 700 米）、草甸草原带（3 700～4 100

米）和冰雪带（>4 100 米）。[①] 其中，森林草原带和灌丛草原带是祁连山脉的水源涵养林，大通河、石羊河、黑河等河流发源于此，这些河流是河西走廊绿洲的主要水源。

（5）阿尔金山脉

阿尔金山脉，位于东经 85°52′～94°21′，北纬 37°30′～39°46′，东端绵延至青海、甘肃两省省界上，为塔里木盆地和柴达木盆地的界山。平均海拔 3 000～4 000 米，西段海拔较高，最高峰苏拉木塔格峰海拔 6 295 米。阿尔金山脉有小型冰川发育。若羌河、米兰河等发源于此，但水量不大。山麓的若羌、米兰等绿洲面积很小。气候干旱，植被贫乏，无常流河。阿尔金山脉北对库木塔格沙漠，南靠柴达木盆地，位于西北荒漠，属青藏高原寒带气候区域。气候特点是干旱少雨，四季温差大。冬季漫长寒冷，夏季短暂。一般 9 月中旬开始飞雪结冰，冰雪期长达 9 个月。1 月最寒冷，月平均气温－30～－20 ℃；7 月气温最高，月平均气温 8～10 ℃。年降水量时间分配不均，大量降水集中于 7 月，9 月中旬至次年 5 月底为积雪期。阿尔金山脉山地北坡呈极端干旱荒漠山地的植被垂直带谱。从山麓、中山、亚高山至高山带，均以荒漠植被占统治地位。主要代表植物有合头藜、昆仑蒿、驼绒藜等。海拔 2 300～3 000米河谷中疏生少量植物，如沙棘、短穗柽柳、盐穗木、花花柴、骆驼刺、膜果麻黄、喀什霸王等。

2.2.3 主要高山花卉资源

据不完全统计，目前西北地区有 500 多种高山植物。数量较多的高山花卉有蔷薇科、毛茛科、菊科、唇形科、紫草科、百合科、龙胆科、景天科、虎耳草科、报春花科等。

伞形科（Apiaceae），柴胡属（*Bupleurum*），簇生柴胡（*B. condensatum*），海拔分布 3 000～3 700 米，多年生矮小丛生草本，全体常

---

① 沈静，刘永红，康建国，等．祁连山气候分布特征研究［J/OL］．中国科技论文在线，(2006－06－29)［2022－11－20］．https：//www. paper. edu. cn/releasepaper/content/200606－507.

带红色，植株高 8～20 厘米。花期 7—8 月，果期 8—9 月。

菊科（Asteraceae），主要有小甘菊属（*Cancrinia*）的灌木小甘菊（*C. maximowiczii*），女蒿属（*Hippolytia*）的束伞女蒿（*H. desmantha*），橐吾属（*Ligularia*）的刚毛橐吾（*L. achyrotricha*）、大齿橐吾（*L. macrodonta*），风毛菊属（*Saussurea*）的漂亮风毛菊（*S. bella*）、甘肃风毛菊（*S. kansuensis*）、钝苞雪莲（*S. nigrescens*），千里光属（*Senecio*）的异羽千里光（*S. diversipinnus*）等植物，绝大多数为草本，极少数是小半灌木。生于海拔 1 900～4 500 米，主要分布在青海、甘肃等地。叶片心形、卵状心形、椭圆形、偏斜椭圆形或长扇形，长宽不一；叶面被疏毛或无毛。多为头状花序，呈伞房花序状排列；花冠多为黄色。花果期一般在 7—10 月。

紫草科（Boraginaceae），齿缘草属（*Eritrichium*），阿克陶齿缘草（*E. longifolium*）、长梗齿缘草（*E. longipes*）、青海齿缘草（*E. medicarpum*）、小果齿缘草（*E. sinomicrocarpum*）等植物，分布在海拔 3 600～4 600 米的青海、西藏等地，大部分尚未由人工引种栽培。长梗齿缘草，多年生草本，高 15～25 厘米。茎数条丛生，不分枝或上部分枝，被短伏毛。茎下部的叶倒披针形或长圆形，长 2～4 厘米，先端圆钝或渐尖，基部渐狭，叶柄长约 3 厘米；茎上部的叶狭卵形或椭圆形，长 1.5～3 厘米，先端尖，基部宽楔形，具短柄或近无柄。花序生茎或枝顶，果期伸长可达 10 厘米以上。花期 7—8 月。

桔梗科（Campanulaceae），沙参属（*Adenophora*），林沙参（*A. stenanthina* subsp. *sylvatica*），生于海拔 2 500～4 000 米的山地针叶林下、灌丛中，也见于草丛中。分布于甘肃（洮河流域、祁连山）、青海（同仁、贵南、都兰、祁连、门源）。叶条形至卵形或矩圆形，宽至 2 厘米，全缘或疏具刺状齿或呈皱波状。花萼裂片长；花冠大，长 12～17 毫米，筒状钟形，口部几乎不收缩；花柱伸出花冠的部分长仅 3～7 毫米；花盘全有毛。蒴果椭圆状。花期 8—9 月。

石竹科（Caryophyllaceae），无心菜属（*Arenaria*），福禄草（*A. przewalskii*），多年生草本，生于海拔 2 600～4 200 米的高山草甸和退

缩的冰斗中。分布于青海（互助、门源、泽库、河南、同仁等地）、甘肃（甘南、天祝、武威冷龙岭、岷山、马衔山等地）。密丛生，高10～12 厘米。主根细长，木质化，支根须状。花期 7—8 月。

老牛筋属（*Eremogone*），阿克赛钦雪灵芝（*E. aksayqingensis*），多年生垫状草本，生于海拔 4 900 米的河滩。分布于新疆阿克赛钦铁隆滩。高 3～4 厘米。主根粗壮，木质化，长 5～10 厘米。花期 7 月。青海雪灵芝（*E. qinghaiensis*），多年生垫状草本，生于海拔 4 200 米的高山草甸。高 5～8 厘米。根粗壮，木质化。花单生于小枝顶端；花梗长约 1 毫米，无毛；花瓣 5，白色，椭圆状卵形；花柱 3，线形，长 2.5～3 毫米。花期 6—7 月。太白雪灵芝（*E. taibaishanensis*），多年生垫状草本，生于海拔 4 000 米以上的高山灌丛草甸。分布于陕西秦岭。高 2～3 厘米。根下部分枝，并具很多细根。花 2～3 朵，呈聚伞状。花期 6—7 月。杂多雪灵芝（*E. zadoiensis*），多年生垫状草本，生于海拔 4 400 米左右的石崖下。高 2～3 厘米。根粗壮。叶片钻形。花期 6—7 月。

齿缀草属（*Odontostemma*），縫瓣齿缀草（*O. fimbriatum*），小草本，生于海拔 3 000～4 000 米的山坡草地和落叶松林下。分布于陕西秦岭和甘肃东南部。根纺锤形，褐色。茎高 10～25 厘米，常带紫色。花期 7—8 月，果期 8—9 月。秦岭齿缀草（*O. giraldii*），柔软草本，生于海拔 2 500～3 800 米的山坡草地或灌丛边。分布于陕西（秦岭）和甘肃东南部（舟曲）。根纺锤形，褐色。茎高 20～25 厘米，淡黄色或带紫色。花果期 7—9 月。

景天科（Crassulaceae），景天属（*Sedum*），青海景天（*S. tsinghaicum*），一年生草本，海拔分布 3 800～4 100 米。茎基部分枝，长 5～6 厘米。叶卵形，长 3～6 毫米，有锯，先端钝。花序有多花；花为不等的五基数；萼片狭卵形，长 2.5～3 毫米，无锯，先端钝；花瓣黄色，长圆形，长约 3.2 毫米，先端有突尖头，基部略合生。种子狭卵形，长约 0.8 毫米，有乳头状突起。花期 7—9 月。

莎草科（Cyperaceae），薹草属（*Carex*），喜马拉雅嵩草（*C. kokani-*

ca)，多年生草本，海拔分布 2 600～4 600 米。秆疏丛生，高 5～30 厘米，基部具稀疏褐色宿存叶鞘。圆锥花序卵圆形或椭圆形，长 1～3 厘米，4～5 分枝。花期 7 月。青海薹草（*C. qinghaiensis*），多年生草本，海拔分布 3 300～3 400 米。根状茎长而匍匐；秆高 30～40 厘米，三棱形，稍粗糙，基部具暗栗色的叶鞘。叶短于秆，长为秆的一半，宽 2～4 毫米，平张，稍坚挺，边缘粗糙。苞片短叶状，短于花序，具鞘。花期 7 月。

杜鹃花科（Ericaceae），据不完全统计，西北地区高山杜鹃有近 20 种，主要包括杜鹃花属（*Rhododendron*）的斑玛杜鹃（*R. bamaense*）、陡生杜鹃（*R. declivatum*）、拉卜楞杜鹃（*R. labolengense*）、青海杜鹃（*R. qinghaiense*）、曲枝杜鹃（*R. torquescens*）、长管杜鹃（*R. tubulosum*）、西固杜鹃（*R. xiguense*）、玉树杜鹃（*R. yushuense*）等，海拔分布 3 200～4 300 米。多分枝，密集于枝端。叶片宽椭圆形或卵状长圆形，叶密集生于分枝顶端。各种属之间植株高度差异大，在 0.3～1 米。花果期 5—10 月。

豆科（Fabaceae），黄芪属（*Astragalus*），大通黄芪（*A. datunensis*），多年生草本，海拔分布 3 800 米。根直伸。地上茎短缩，基部为淡褐色残存的鳞片所围。未见成熟果实。花期 7 月。格尔木黄芪（*A. golmunensis*），多年生草本，海拔分布 4 100～4 500 米。根直伸，颈部常分叉。茎直立或上升，高 25～35 厘米。未见成熟果实。花期 6 月。棘豆属（*Oxytropis*），秦岭棘豆（*O. chinglingensis*），多年生草本，生于海拔 3 650 米左右的山地阳坡草地。产陕西太白山八仙台跑马梁。高 8～12 厘米。根粗壮。茎缩短，铺散，丛生。花期 5—7 月，果期 7—8 月。

兰科（Orchidaceae），角盘兰属（*Herminium*），冷兰（*H. humidicola*），地生草本，海拔分布 3 600～3 800 米。高 4～4.5 厘米。块茎圆球形，直径 8～10 毫米；茎很短。花葶极短，总状花序常具 4～5 朵花；花小，绿黄色，开花时由于花梗和子房逐渐增大并伸长而使花近等高排在一个平面上，花瓣与唇瓣肉质，明显较萼片厚。花期 8 月。

列当科（Orobanchaceae），马先蒿属（*Pedicularis*），宽喙马先蒿（*P. latirostris*），多年生草本。中国特有种，仅见于甘肃夏河县拉卜楞寺附近，生于海拔 3 800 米左右的湿草地中。高 12～24 厘米。根有分枝，略作纺锤形而细，径 2.5 毫米，长 8 厘米，根颈有卵形至线状披针形的鳞片数对。花序亚头状至短穗状，一般连续，长 2～5 厘米。侏儒马先蒿（*P. pygmaea*），一年生矮小草本，海拔分布 4 000 米。高不及 3 厘米，干时不变黑色。花紫红色，长 9～10 毫米。花期 7 月。鹬形马先蒿（*P. scolopax*），多年生草本。中国特有种，产甘肃北部与青海东北部，可能也产青海南部玉树地区。生于海拔 3 500～4 100 米的高山稀疏灌丛中，喜质松干燥的土壤。高可达 20 厘米以上，干后不变黑色。根茎细长，发出枝多条。花序穗状，生于茎枝之端，花 4～6 枚轮生，下部有时有 3～4 花轮间断。花期 6 月。

罂粟科（Papaveraceae），绿绒蒿属（*Meconopsis*），久治绿绒蒿（*M. barbiseta*），一年生草本。产青海东南部（久治）。生于海拔 4 400 米左右的高山草甸。植株基部盖以密集的莲座叶残基。主根萝卜状。叶全部基生，叶片倒披针形。花单生于基生花葶上；花瓣 6，蓝紫色。果未见。花期 7—9 月。

禾本科（Poaceae），羊茅属（*Festuca*），甘肃羊茅（*F. kansuensis*），多年生，密丛，生于海拔 3 200～3 700 米的山坡、草甸化草原、草原。分布于甘肃、青海。秆直立，细弱，平滑无毛，或稀具微毛。圆锥花序直立，狭窄但疏松，花期稍开展。花果期 6—8 月。早熟禾属（*Poa*），罗氏早熟禾（*P. szechuensis* var. *rossbergiana*），多年生，密丛型小草本，海拔分布 4 200 米。秆高 5～10 厘米，径约 1 毫米，基部倾斜膝曲上升，具 2 节，微糙涩。叶鞘长于节间，平滑。外稃卵圆形，先端膜质，钝圆，间脉明显，脊上部微粗糙。颖果长约 1 毫米。花果期 6—9 月。碱茅属（*Puccinellia*），布达尔碱茅（*P. ladyginii*），多年生，密丛，海拔分布 3 900～4 200 米。秆直立，基部节膝曲。叶鞘平滑；叶片扁平，平滑或叶面微粗糙。小穗长约 6 毫米，含 4～6 小花，带紫红色；花药长约 1.5 毫米。花期 6—8 月。

报春花科（Primulaceae），点地梅属（*Androsace*），弯花点地梅（*A. cernuiflora*），多年生草本，海拔分布 3 700～4 000 米。主根坚硬，木质，具少数支根。花单生，无花葶；花冠紫红色，直径约 7 毫米，筒部与花萼近等长，裂片阔倒卵形，边缘波状。蒴果近球形，稍短于宿存花萼。花期 6—7 月，果期 7—8 月。报春花属（*Primula*），裂瓣穗状报春（*P. aerinantha*），多年生草本。产甘肃南部。生于海拔 3 000～4 000 米的山谷石灰岩上。根状茎极短小，具纤维状长根。花期 7 月。大通报春（*P. farreriana*），多年生草本。海拔分布 4 000～5 000 米。根状茎短，具粗长须根。花期 6—7 月。太白山紫穗报春（*P. giraldiana*），多年生草本。陕西太白山特有种，生于海拔 3 000～3 700 米的山地草坡和路边。根状茎短，具多数细长须根。花期 7—8 月。陕西报春（*P. handeliana*），多年生草本。产陕西太白山、佛坪等地。生于海拔 2 500～3 600 米的山坡疏林下和岩石上。根状茎短，具多数紫褐色纤维状长根。花期 5—7 月，果期 7—8 月。囊谦报春（*P. lactucoides*），多年生草本，海拔分布 3 950 米。根状茎粗短。叶丛高约 7 厘米。花葶高 10～15 厘米，被微柔毛；伞形花序顶生，3～7 花；花冠白色。蒴果未见。花期 6 月。青海报春（*P. qinghaiensis*），多年生草本，海拔分布 3 900～4 300 米。根状茎极短，向下发出多数紫褐色长根。长花柱花的冠筒长 12～13 毫米，雄蕊着生处距冠筒基部约 4 毫米；短花柱花的冠筒长 15 毫米，雄蕊着生于冠筒上部。蒴果近球形，直径 3～4 毫米。荨麻叶报春（*P. urticifolia*），多年生柔小草本，海拔分布 4 000 米。高 3～8 厘米，具极短的根状茎和多数须根。长花柱花的雄蕊靠近冠筒基部着生，花柱长与花萼相等或微高出花萼；短花柱花的雄蕊着生于冠筒中部，花柱长约 2 毫米。蒴果稍短于宿存花萼。

毛茛科（Ranunculaceae），银莲花属（*Anemone*），太白银莲花（*A. taipaiensis*），产陕西秦岭。生于海拔 2 900～3 700 米的山地草坡或多石砾处。植株高 14～48 厘米。根状茎长 4～5 厘米，粗 0.9～1.5 厘米。基生叶 5～12，有长柄；叶片宽卵形，长 2.5～7 厘米，宽 3.5～6.5 厘米。花期 7 月。美花草属（*Callianthemum*），太白美花草（*C.*

taipaicum)，产陕西秦岭太白山。生于海拔 3 450～3 600 米的山坡草地。植株全部无毛。根状茎粗约 4 毫米。茎 1～4 条，开花时高 8～9 厘米，有 1～2 叶。翠雀属（*Delphinium*），太白翠雀花（*D. taipaicum*），产陕西秦岭太白山。生于海拔 3 600～3 900 米的山地草坡。茎高 22～30 厘米，有反曲的短柔毛或变无毛，下部有 1 叶。花期 9 月。毛茛属（*Ranunculus*），和田毛茛（*R. hetianensis*），多年生草本。产新疆（和田）。生于海拔 3 200 米左右的草原上。须根基部肉质增厚，呈纺锤形。花单生茎顶；花梗细长。花期 7 月。太白山毛茛（*R. petrogeiton*），多年生草本。产陕西秦岭太白山。生于海拔 3 000～3 700 米的山顶湿润草地。须根细长。茎倾斜上升，高 10～25 厘米。花果期 6—7 月。

虎耳草科（*Saxifragaceae*），岩白菜属（*Bergenia*），秦岭岩白菜（*B. scopulosa*），多年生草本。产陕西（秦岭）和祁连山地区。生于海拔 2 500～3 600 米的林下阴湿处或峭壁石隙。高 10～50 厘米。根状茎粗壮，直径 2.5～4 厘米。叶均基生；叶片革质，圆形、阔卵形至阔椭圆形。聚伞花序；花梗长 5～9 毫米，无毛；托杯紫红色。外面无毛；花柱 2，长约 5 毫米，柱头大，盾状。花果期 5—9 月。亭阁草属（*Micranthes*），黑亭阁草（*M. atrata*），多年生草本。产甘肃东南部和青海东北部，海拔分布 3 000～3 810 米。高 7～23 厘米。根状茎很短。花瓣白色，卵形至椭圆形，长 2.8～4 毫米，宽 1.8～2.2 毫米；花柱 2，长 1～2.5 毫米。花期 7—8 月。山梅花属（*Philadelphus*），甘肃山梅花（*P. kansuensis*），灌木。仅分布于甘肃。生于海拔 2 400～3 500 米的灌丛中。高 2～7 米。二年生小枝灰棕色，表皮片状脱落，当年生小枝暗紫色，疏被微柔毛或变无毛。花瓣白色，长圆状卵形。花期 6—7 月，果期 10—11 月。

2.2.4 高山花卉资源开发利用现状

(1) 西北地区花卉产业

陕西省地处大陆腹地，南北狭长，横跨三个气候带，花卉资源十分丰富，特别是秦岭素有“花园宝库”的美称。截至 2021 年年末，作为陕西省花卉产业主体的西安市，全市苗木花卉产业面积 80 万余亩，其中苗木种植面积 65 万余亩，花卉种植面积 15 万余亩，花卉生产面积约占全省花卉生产面积的 80%。主要生产经营品种包括白皮松、银杏、油松、国槐、法桐、白蜡、紫薇、红叶李、樱花、七叶树、大叶女贞、侧柏、栾树等苗木，以及蝴蝶兰、凤梨、红掌、仙客来、瓜叶菊、牵牛、石竹、超级凤仙等花卉，涵盖了乔、灌、花、草等地被植物 400 余种，年出苗量约 20 亿株（盆），年产值约 50 亿元，苗圃数达 2 000 余个，千亩以上苗圃 12 家，从业人员 4 万余人。[①] 苗木花卉生产逐步向专业化、规模化迈进，种养结合及林、苗、草、花、药、果一体化生产经营模式得到长足发展，产业链条也在逐步延伸，形成了一批龙头骨干企业和区域优势品牌，以苗木花卉为载体的生态旅游、森林康养、科普教育和绿化施工、园林设计、园林养护、花卉租摆、盆景制作、插花花艺、新品种开发、技术培训等一二三产融合的产业体系已见雏形，苗木花卉行业上下游产业链的从业人员和相关产值在本市社会经济系统中都占有相当大的份额。

青海省花卉产业于 20 世纪 90 年代初从西宁市起步，经过多年的发展，已初具规模。现种植花卉品种 600 多种，除反季节鲜花销往广州、武汉、上海等地外，现有的花卉苗木基地和企业生产的花卉苗木在青海市场供不应求，省外市场更是潜力巨大，形成了郁金香、唐菖蒲和草花种子的繁育基地。此外，青海省已发现野生花卉资源 500 多种，其中具有较高观赏价值的花卉 180 多种。西宁市花卉产业服务于城市建设、街道美化及彩化、居民家庭、周边荒山绿化等方面，并辐射省内外其他地方，是全省花卉生产和消费的重点地区。据有关资料统计，西宁市有大、小型花卉企业 61 家，花卉市场 12 个，从事花卉生产的花农有 1 500 户，从业人员 2 800 人，花卉种植面积约 110 公顷，年产鲜切花

---

① 李泱凡．西安市苗木花卉产业发展调研报告［EB/OL］．关注森林网，（2022－10－19）［2022－11－20］．http：//www.isenlin.cn/sf_42A342617A464748B1C3D529BEB7BDEB_209_mhdt188.html.

46.35 万株、盆栽花卉 450 万盆，年产值约 1.5 亿元。[①]

甘肃省以加快转变花卉产业发展方式、提高花卉产业质量和效益为主线，把发展现代花卉业与市场需求相结合，努力实现建设美丽甘肃、兴花福民的目标。截至 2019 年年底，甘肃省花卉种植面积超过 1.6 万公顷，实现花卉销售额 15 亿元。全省有大中型花卉企业 93 家，花卉从业人员 4.5 万余人，年产切花、切枝、切叶 2 665 万支，全省花卉基础建设及配套设施发展较快，一批有实力的龙头企业进一步发展壮大，有效提升了花卉产业发展层次。[②] 同时，甘肃省通过多年引种、驯化后自主培育出甘肃紫斑牡丹、大丽花、兰州百合、苦水玫瑰等一批具有地方特色的花卉主导产品，具有较强的市场竞争优势，产品曾多次在全国各类比赛中获得金奖，并远销美国、法国、日本等地。

宁夏回族自治区是我国西北地区重要的天然种质资源宝库，近年来花卉产业取得了长足发展。以银川市兴庆区为例，在宁夏回族自治区、银川市的大力支持下，兴庆区委、区政府把花卉产业作为优势特色产业培育壮大，逐年加大招商引资力度和对花卉产业的投入，积极扶持花卉园区建设，坚持政策引导、资金扶持、企业带动，花卉产业规模不断扩大，产品质量逐年提高，以康乃馨、菊花为主的兴庆花卉影响力持续攀升，兴庆区已成为西北地区重要的花卉种植基地。兴庆区花卉生产主要有鲜切花类、盆栽植物类、观赏苗木类三大类，设施种植占 95%，露地种植占 5%。兴庆区花卉种植面积从 2007 年的 146.27 公顷增加至 2019 年的 556.54 公顷，年平均增速 11.78%；年产值由 2007 年的 0.42 亿元增加至 2019 年的 2.18 亿元，年平均增速 14.71%。基本形成了以康乃馨为主的鲜切花类，以盆栽迷你玫瑰、蝴蝶兰、花坛花为主的盆栽类，以金叶榆、黄杨为主的观赏苗木类三大类齐头并进的格局。[③]

---

① 李彦．西宁市花卉产业发展现状及对策［J］．现代农业科技，2019（23）：126－128.

② 佚名．甘肃省花卉种植面积超 1.6 万公顷［N/OL］．甘肃经济日报，（2020－04－30）［2022－11－20］．http：//www.moa.gov.cn/xw/qg/202004/t20200430_6342849.htm.

③ 崔丽荣，孙志龙，屈晓夏．银川市兴庆区花卉产业发展现状［J］．现代农业科技，2020（23）：120－122.

新疆维吾尔自治区得天独厚的水、土、光、热自然条件，孕育了其花卉保鲜期长、花大色艳的优良品质。尤其是伊犁薰衣草、和田玫瑰、塔城红花等发展较好，已成为花卉产业中中外闻名的“新疆名片”。2020年，新疆花卉种植面积达42.6万亩，年产值6.68亿元，形成了以乌鲁木齐、昌吉、石河子、库尔勒等城市为主的鲜切花类、盆栽植物类和观赏苗木类生产区域，以及和田地区的玫瑰花、喀什地区的万寿菊、伊犁哈萨克自治州的薰衣草、塔城和博州的红花、香紫苏等食用、药用和工业用花卉生产区域。尽管新疆在花卉品种、种植规模、人才和技术上都与东部地区有较大差距，但在花卉精深加工与向西出口方面有着独特优势，这也是未来新疆花卉产业做大做强的重要突破口。精深加工方面，目前新疆已形成南疆和田玫瑰、北疆伊犁薰衣草两大花卉精深加工基地。和田地区玫瑰种植面积近6万亩，拥有国内连片规模最大的玫瑰原料种植基地，建有现代化的精深加工生产线，形成了从培育、种植、采摘到收购、加工生产的完整产业链，可以生产玫瑰花系列食品、日用品、保健品等众多系列产品。而在伊犁州，薰衣草不仅实现了精深加工，还带动了旅游等产业的蓬勃发展，成为近年新疆花卉产业的闪亮名片。面向中亚市场出口是新疆花卉产业发展的另一大亮点。2017年，霍尔果斯宏程花卉进出口贸易有限公司与哈萨克斯坦客商签订850万元的花卉出口协议，由该公司在伊犁建立花卉种植基地，向阿拉木图市场供应蝴蝶兰。中亚各国都是花卉消费大国，但由于地理、气候及设施设备、技术等多方面原因，本地花卉产量有限，大部分花卉依赖进口，价格普遍较高，因此新疆向中亚市场出口花卉前景广阔。

尽管西北各省份苗木花卉产业呈现出加速发展的良好势头，但也普遍存在规划不科学、布局不合理、深开发少、大众化、同质化等问题。产业发展仅停留在赏花休闲的初级阶段，产业发展与富民增收目标不相适应，花卉经济作物带动农民增收致富的效应也没有充分体现出来，没有形成规模效益，甚至少数地方没有效益，影响了农民发展花卉产业的积极性。

（2）高山花卉资源利用

西北地区各省份在开展高山花卉的引种试验中，已经积累了一定成功的做法和经验。例如，通过筛选适应性强、观赏价值高、应用范围广的高山花卉品种，研究高山花卉品种的生长环境和立地条件，观察花卉品种在人工栽培条件下的生态变化；建立野生花卉繁育基地，开展大面积生产繁育技术研究，筛选出适合西北地区气候条件，具有一定抗寒、抗旱、耐贫瘠和耐轻度盐碱土壤的花灌木和宿根野生花卉；扩大园林绿化应用范围，提升其观赏价值，制定出杂交种制种规程。这些成功做法和经验，不仅可以引用和借鉴，而且可以为今后大力开展高山花卉的繁殖培育提供良好的科学依据。

新疆大学潘晓玲等在调查的基础上筛选出野生花卉 26 种，并对其中的瞿麦（*Dianthus superbus*）、窄叶芍药（*Paeonia anomala*）等高山花卉进行了萌芽试验及引种。① 新疆农业大学王磊等自 1992 年起对北疆的伊犁、塔城地区和巴轮台、乌鲁木齐郊区、南山等地进行了重点调查，采集标本和引种，并进行了栽培、扩繁试验。经过五年的努力，共引种 26 属 30 余种并研究其繁殖和栽培技术，对成功者加以扩繁，选出 11 种初具规模的野生观赏植物，另有 17 种很有希望繁殖和栽培成功者有待进一步研究繁殖方法，以便进行扩繁，其中，高山花卉有阿尔泰狗娃花（*Aster altaicus*）等。② 青海省林业科学研究所耿生莲等用播种和扦插方法进行金露梅（*Dasiphora fruticosa*）和银露梅（*Dasiphora glabra*）育苗，获得成功，并且在生产中推广应用。③

尽管西北地区高山花卉资源丰富，但迄今为止，已被成功引种且有效栽培利用的极少，大量高山花卉仍处于“自生自灭”的状态。随着花卉产业不断升级，人们越来越重视花卉的观赏价值、药用价值、园林应用等。西北地区高山植物中观赏兼药用型花卉资源丰富，多数品种有一定的耐寒、耐旱和耐贫瘠土壤的特性，富有经济价值。许多野生高山花

---

① 潘晓玲，买买提·伊明，高淑兰，等．新疆野生花卉资源植物调查及引种栽培的初步研究［J］．干旱区资源与环境，1997，11（3）：90－93.

② 王磊，周桂玲，廖康，等．新疆野生观赏植物的引种驯化及利用研究［J］．石河子农学院学报，1996（3）：73－77.

③ 耿生莲，王占林，王海，等．高原野生花卉金露梅和银露梅的育苗方法［J］．青海农林科技，1999（3）：60－61.

卉从北部的祁连山脉到中部的昆仑山脉和南部的青南高原地区都有踪迹，这些同属西部温寒地带的物种，大多海拔分布超过 3 500 米，引种栽培成功的概率相对较大，如何开发利用这些高山花卉将是未来高山植物引种驯化的重点工作。

2.3 西南地区

2.3.1 基本地理情况

西南地区，是中国七大自然地理分区之一，东临华中地区、华南地区，北依西北地区，包括重庆市、四川省、贵州省、云南省、西藏自治区共五个省份。地理上包括青藏高原东南部、四川盆地、云贵高原大部。区域地理位置为东经 97°21′～110°11′，北纬 21°08′～33°41′。毗邻不丹、巴基斯坦、尼泊尔、印度、老挝、缅甸等国。总面积达 234 万千米^2，约占中国陆地国土面积的 24.4%。与地形区域相对应，该区从西北到东南的温度和降水均有很大差异：东部年均气温达 24 ℃，西部年均气温最低可至 0 ℃以下；年降水量从东南到西北相差上千毫米，时空分布极不均匀。该区气候类型由温暖湿润的海洋气候到四季如春的高原季风气候，再到亚热带高原季风湿润气候及青藏高原独特的高山高原气候，造就了独特的植被分布格局。此外，本区南端还有少部分热带季雨林气候区，干湿季分明。西南地区年降水量整体呈东多西少的分布形态。重庆大部、四川盆地、贵州大部及云南南部地区都是多雨区，中心位于四川盆地西部雅安附近和高黎贡山、无量山及哀牢山以南的滇南地区，年降水量在 1 600 毫米以上；次中心位于黔西南地区和武陵山西段南侧的黔东北地区，年降水量在 1 300 毫米以上；川西高原地区是整个西南地区的少雨区，年降水量不足 800 毫米。[①] 西南地区地形比较复杂，较为显著地分为三个地形单元：一是四川盆地及其周边山地；二是云贵

① 张琪，李跃清．近48年西南地区降水量和雨日的气候变化特征［J］．高原气象，2014，33（2）：372－383.

高原中高山山地丘陵区；三是青藏高原高山山地区。区域内四川盆地海拔 500 米左右，云南高原和贵州高原的平均海拔分别为2 000米和 1 000 米，而青藏高原东缘的海拔基本在 3 500 米以上，区域内各种地貌形态分布较为均衡。其中，低地盆地、平原、小起伏低山和小起伏中山的面积较大，其面积之和超过总面积的 42%，主要分布在四川盆地、贵州高原和云南西南部等地势相对较低的区域；峡谷区主要分布在横断山区，由几大河流如澜沧江、金沙江、怒江等长期以来的切割作用形成，表现为极大的地表起伏。根据中国植被图和中国数字高程模型（DEM）图，西南地区九种主要植被类型大致分布在高、中、低三个海拔梯度上，其中，高海拔区有草原、草甸和高山植被，中海拔区有灌丛、针叶林、阔叶林和沼泽，低海拔区主要分布草丛和栽培植被。

2.3.2 主要山脉

（1）横断山脉

横断山脉是世界年轻山系之一，是中国最长、最宽和最典型的南北向山系，唯一兼有太平洋和印度洋水系的地区，位于青藏高原东南部，通常为川、滇两省西部和西藏自治区东部南北向山脉的总称。因“横断”东西间交通而得名。其范围界限有广义和狭义之说。按广义说，横断山脉介于北纬 22°～32°05′，东经 97°～103°，即东起邛崃山，西抵伯舒拉岭，北界位于昌都、甘孜至马尔康一线，南界抵达中缅边境的山区，面积 60 余万千米^2。[①] 境内山川南北纵贯，东西骈列，自东向西有邛崃山、大渡河、大雪山、雅砻江、沙鲁里山、金沙江、芒康山（宁静山）、澜沧江、怒山、怒江和高黎贡山等。

横断山脉岭谷高差悬殊。邛崃山岭脊海拔 3 000 米以上，主峰四姑娘山海拔 6 250 米，其东南坡相对高差 5 000 余米。大雪山主峰贡嘎山海拔 7 556 米，为横断山脉最高峰。其东坡从大渡河谷底到山顶水平距

① 佚名．横断山脉［EB/OL］．中国科学院地理科学与资源研究所，（2007 - 04 - 24）［2022 - 11 - 20］．http：//www.igsnrr.ac.cn/kxcb/dlyzykpyd/zgdl/zgdm/200704/t20070424_2154868.html.

离仅29千米，但相对高差竟达6 400米之巨。沙鲁里山海拔一般在5 500米以上，北部的高峰雀儿山海拔6 168米。其西的金沙江、澜沧江和怒江三江并流，相距最近处在北纬27°30′附近，直线距离仅76千米。三江江面狭窄，两岸陡峻，属典型的“V”字形深切峡谷。

横断山脉气候受高空西风环流、印度洋和太平洋季风环流的影响，冬干夏雨，干湿季非常明显。一般5月中旬至10月中旬为湿季，降水量占全年降水量的85%以上，不少地区超过90%，且主要集中于6、7、8三个月；从10月中旬至次年5月中旬为干季，降水少，空气干燥。气候有明显的垂直变化。植被和土壤依气候、地势而变，从东南到西北，依次有边缘热带季风雨林——红壤带，亚热带常绿阔叶林——红壤、黄壤带，暖温带、温带针阔叶林——褐色土、棕壤带，寒温带亚高山森林草甸——暗棕壤和亚高山草甸土带。横断山脉具备热带、亚热带至高山寒带各种植被类型，垂直分带明显。种子植物区系基本是温带性质，但同时又有不少热带、亚热带成分存在。一些北温带属如杜鹃花（*Rhododendron*）、报春花（*Primula*）、龙胆（*Gentiana*）、马先蒿（*Pedicularis*）和乌头（*Aconitum*）等在这里得以高度分化与特化。[①] 横断山脉地区也是世界上高山植物区系最丰富的区域之一。

（2）喜马拉雅山脉

喜马拉雅山脉是世界海拔最高的山脉，位于东经74°20′～95°27′，北纬26°43′～35°50′，近东西向展布，呈向南西突出的弧形，西起克什米尔的南迦·帕尔巴特峰（海拔8 125米），东至雅鲁藏布江大拐弯处的南迦巴瓦峰（海拔7 782米），全长2 450千米，宽200～350千米。主峰为珠穆朗玛峰，海拔8 848.86米。喜马拉雅山脉拥有多座海拔超过6 000米的山峰，其中海拔超过7 000米的山峰多达110座。喜马拉雅山脉两侧地势不对称。北侧为地势开阔的高原面和若干宽谷盆地，大部分地区海拔4 500～5 200米，地势向北和向东倾斜；南侧海拔急剧下

① 李锡文，李捷．横断山脉地区种子植物区系的初步研究［J］．云南植物研究，1993，15(3)：217-231.

降到 3 500 米以下，呈现出雄伟壮观的高山深谷地貌。

喜马拉雅山脉山体巨大，地势高亢，高原面海拔为 4 000～5 000 米，气候条件与东部同纬度低地迥然不同，具有太阳辐射强，日照丰富，气温日较差大、年较差小的特点，而且喜马拉雅山脉的屏障和作用于该地区的大气环流又使山脉南、北两侧产生明显的区域分异。喜马拉雅山脉处在青藏高原南部，受南亚地区季风活动的影响，气候表现出明显的季风特征，即冬半年为西风带所控制，夏半年受暖湿海洋气流的影响。以喜马拉雅山脉主脊线为界：南侧以湿润、半湿润型气候为主，为湿润半湿润高山峡谷区；北侧则多属半干旱型气候，为半干旱高原湖盆区。

喜马拉雅山脉土壤的地理分布，东部以亚高山草甸土为主，向西过渡到以亚高山草原土为主，往南为山南森林土壤地带。喜马拉雅山脉南坡降水丰富，1 000 米以下为热带季雨林，1 000～2 000 米处为亚热带常绿林，2 000～4 500 米为温带森林，4 500 米以上为高山草甸。北坡主要为高山草甸，4 100 米以下河谷有森林及灌木。

(3) 冈底斯山脉

冈底斯山脉横贯西藏自治区西南部，与喜马拉雅山脉平行，呈西北-东南走向，属褶皱山，为内陆水系和印度洋水系分水岭。北为高寒的藏北高原，南为温凉的藏南谷地。冈底斯山脉西起喀拉昆仑山脉东南部的萨色尔山脊，东延至纳木错西南，与念青唐古拉山脉衔接。海拔一般 5 500～6 000 米。最高峰为罗波峰（冷布岗日），海拔 7 095 米；第二主峰冈仁波齐峰，海拔 6 656 米。冈底斯山脉的垂直自然带谱属大陆性半干旱类型，基带为高山草原带（北坡）和亚高山草原带（南坡西段）或山地灌丛草原带（南坡东段），往上依次为高山草甸带、高山冰缘植被带、高山永久冰雪带等。

冈底斯山脉南侧即通称的藏南地区，气候温凉稍干燥，海拔 4 000 米以下的雅鲁藏布江河谷地区为灌丛草原，海拔较高地区为亚高山草原。这一地区草场辽阔，耕地集中，为西藏自治区人口集中、农牧业发达的区域。其北侧为羌塘高原内流区，气候严寒干燥，以高山草原为主，绝大部分土地只宜放牧绵羊、牦牛或为无人居住的荒寂原野。

(4) 唐古拉山脉

唐古拉山脉，位于东经 88°54′～95°20′，北纬 32°20′～33°41′，东段为西藏与青海的界山，东南部延伸接横断山脉的云岭和怒山。藏语意为“高原上的山”，又称当拉山，在蒙语中意为“雄鹰飞不过去的高山”，是青藏高原中部的一条近东西走向的山脉。

唐古拉山脉的山峰海拔一般在 6 000 米左右，最高峰各拉丹冬雪山海拔 6 621 米，唐古拉山（峰名）海拔 6 099 米。唐古拉山口海拔虽高达 5 231 米，却因坡缓、高差小并不显得险要和难以逾越。唐古拉山脉气温低，年平均气温－4.4 ℃（沱沱河站），有多年冻土分布，冻土厚度 70～88 米。青藏公路经此，唐古拉山越岭地段是青藏铁路全线气候最恶劣、地质条件最差、施工难度最大的区段。冬春季节气温很低，寒风凛冽，七八月份天气稍微转暖时，雨水丰富。该区植被以高寒草原为主，混生有垫状植物。在唐古拉山脉宽广的山幅之间，分布着众多的河谷和湖盆草坝，水草丰美，是天然的优良牧场。青藏公路以东海拔 4 400～5 000 米为嵩草和蓼组成的高山草甸带，5 000 米至雪线为高山冰缘稀疏植被带（主要植物有垫状点地梅、藓状雪灵芝、风毛菊、火绒草、葶苈虎耳草），海拔最高处为高山永久冰雪带；青藏公路以西海拔 4 500～5 000 米为紫花针茅、羊茅等禾草组成的高寒草原，其上接高山冰缘稀疏植被带或部分高寒草原上混生有垫状植物的原始高山草甸带。

2.3.3 主要高山花卉资源

天南星科（Araceae），草本植物，具块茎或伸长的根茎；稀为攀援灌木或附生藤本，富含苦味水汁或乳汁，我国西南、华南各省份的天南星科植物比较丰富。西南地区主要分布有天南星属（*Arisaema*），翼檐南星（*A. griffithii*），产西藏南部卡玛河谷一带，生于海拔 3 000～3 850米的山坡或河谷林下。藏南绿南星（*A. jacquemontii*），产西藏南部，常见于海拔 3 000～4 000 米的高山针叶林的林间隙地或五花草甸上。小南星（*A. parvum*），我国特有种，产西藏东南部、四川西部至云南中部，生于海拔 3 000～3 600 米的高山草地。藏南星（*A. propinquum*），产西藏东南部，海拔分布 2 700～3 900 米。

小檗科（Berberidaceae），灌木或多年生草本，稀小乔木，常绿或落叶，有时具根状茎或块茎。西南地区主要分布有小檗属（*Berberis*），显脉小檗（*B. delavayi*），产云南、四川，生于海拔 1 800～4 000 米的云杉林下、灌丛中、河边或云南松林下。狭叶小檗（*B. graminea*），产四川，生于海拔 3 000～3 600 米的山地草坡或松林下。刺黄花（*B. polyantha*），产四川、西藏，生于海拔 2 000～3 600 米的向阳山坡、灌丛中、路边、林缘、草坡、林中或河谷两岸。芒康小檗（*B. reticulinervis*），产西藏、四川，生于海拔 3 400～3 850 米的山坡林缘。云南小檗（*B. yunnanensis*），产云南、四川、西藏，生于海拔 3 100～4 180 米的云杉林下、冷杉林缘、灌木林缘或草坡。

紫葳科（Bignoniaceae），西南地区主要分布有角蒿属（*Incarvillea*），四川波罗花（*I. beresovskii*），产四川西北部、西藏，生于海拔 2 100～4 200 米的山地。密生波罗花（*I. compacta*），产甘肃南部、青海、四川西部、云南西北部、西藏，生于海拔 2 600～4 100 米的空旷砾石山坡或草灌丛中。红波罗花（*I. delavayi*），产四川、云南西北部，生于海拔 2 400～3 900 米的高山草坡。

紫草科（Boraginaceae），在中国分布有 50 余属 200 余种，西南地区分布有大量的观赏价值较高的紫草科植物，生长在海拔较高的地区，多数为草本，较少为乔木或灌木。主要有垫紫草属（*Chionocharis*），垫紫草（*C. hookeri*），产西藏南部、云南西北部和四川西南部，生于海拔 3 500～5 000 米的石质山坡或陡峻的石崖上。琉璃草属（*Cynoglossum*），倒提壶（*C. amabile*），产云南、贵州西部、西藏西南部至东南部、四川西部及甘肃南部，生于海拔 1 250～4 565 米的山坡草地、山地灌丛、干旱路边或针叶林缘。西藏琉璃草（*C. schlagintweitii*），产西藏西南部和四川西南部，生于海拔 2 500～4 000 米的山坡沙砾地或林下。西南琉璃草（*C. wallichii*），产云南西北、四川西南、西藏东南和甘肃南部，生于海拔 1 300～3 600 米的山坡草地、荒野路边或密林阴湿处。微孔草属（*Microula*），巴塘微孔草（*M. ciliaris*），中国特有种，产四川西南部，生于海拔 3 840 米左右的高山草地。多花微孔草（*M. floribunda*），中国特有种，产四川西北部、西藏东部、青海南部，生于海拔 3 300～3 800 米的山地草坡、灌丛中或河边多砾石草地。卵叶微孔草（*M. ovalifolia*），中国特有种，产四川西部，生于海拔 3 350～4 400 米的高山草地或灌丛下。滇紫草属（*Onosma*），腺花滇紫草（*O. adenopus*），产西藏东部、四川西南部至西北部，生于海拔2 800～3 500 米的空旷荒芜山坡及干旱河谷阶地。附地菜属（*Trigonotis*），扭梗附地菜（*T. delicatula*），产云南北部和四川，生于海拔3 000～4 200 米的山地疏林、高山草地或岩石缝隙。

十字花科（Brassicaceae），草本，稀亚灌木。基生叶常呈莲座状；茎生叶互生，无托叶，全缘或分裂或复叶。花两性，稀单性，两侧对称。西南地区主要分布有糖芥属（*Erysimum*），红紫桂竹香（*E. roseum*），产甘肃、青海、四川西北部、西藏东北部，生于海拔 3 400～3 700米的高山石堆。山菥蓂属（*Noccaea*），西藏山菥蓂（*N. andersonii*），产云南、西藏，生于海拔 3 200～5 200 米的高山草甸和石缝中。

桔梗科（Campanulaceae），直立或缠绕草本，常有乳汁。单叶互生、对生或轮生。两性花，辐射对称。在中国有 10 余属 100 余种，西南地区分布广泛。特色种属包括沙参属（*Adenophora*），细萼沙参（*A. capillaris* subsp. *leptosepala*），产云南西部、四川西南部，生于海拔 2 000～3 600 米的林下、林缘草地及草丛中。天蓝沙参（*A. coelestis*），产云南、四川西南部，生于海拔 1 200～4 000 米的林下、林缘、林间空地或草地中。川藏沙参（*A. liliifolioides*），产西藏东北部、四川西北部、甘肃东南部、陕西，生于海拔 2 400～4 600 米的草地、灌丛和乱石中。风铃草属（*Campanula*），钻裂风铃草（*C. aristata*），产西藏、云南西北部、四川西部和西北部、青海南部等地，生于海拔 3 500～5 000米的草丛、灌丛中。西南风铃草（*C. pallida*），产西藏、四川、云南、贵州，生于海拔 1 000～4 000 米的山坡草地、疏林下。党参属（*Codonopsis*），灰毛党参（*C. canescens*），产四川西部、西藏东部、青海南部，生于海拔 3 000～4 200 米的山地草坡、河滩多石或向阳干旱处。脉花党参（*C. foetens* subsp. *nervosa*），产云南西北部、四川西南部、西藏东南部，生于海拔 3 800～4 250 米的山坡草地及灌丛中。绿花党参（*C. viridiflora*），中国特有种，产青海东部、甘肃东南部、宁夏南部、陕西和四川西北部，生于海拔 3 000～4 000 米的高山草甸及林缘。蓝钟花属（*Cyananthus*），细叶蓝钟花（*C. delavayi*），中国特有种，产云南西北部和四川西南部，生于海拔 2 800～4 000 米的石灰质山坡草地或林边碎石地上。美丽蓝钟花（*C. formosus*），中国特有种，产云南西北部和四川西南部，生于海拔 2 800～4 100 米的山地草坡、林间沙地和林边碎石地上。蓝钟花（*C. hookeri*），产云南西北部和四川西南部，生于海拔 2 700～4 100 米的山坡、沟边草地及林下草地中。丽江蓝钟花（*C. lichiangensis*），产云南西北部、四川西部和西藏东南部，生于海拔 3 000～4 100 米的山坡草地或林缘草丛中。

忍冬科（Caprifoliaceae），灌木或木质藤本，有时为小乔木或小灌木。单叶或羽状复叶，对生，很少轮生，无托叶；花两性；果为浆果、蒴果或核果。西南地区主要分布有鬼吹箫属（*Leycesteria*），纤细鬼吹箫（*L. gracilis*），产云南东南部、西南部至西北部和西藏东南部，生于海拔 2 000～3 800 米的山坡、山谷和溪沟边的林下或灌丛中。忍冬属（*Lonicera*），微毛忍冬（*L. cyanocarpa*），产四川西部、云南西北部和西藏东南部，生于海拔 3 500～4 300 米的石灰岩山脊、山坡林缘灌丛中及多石草原上。

石竹科（Caryophyllaceae），一年生或多年生草本，稀亚灌木。茎节通常膨大，具关节。花辐射对称，两性，稀单性。中国有 30 属约 388 种，几乎遍布全国，西南地区广泛分布。主要有无心菜属（*Arenaria*），柔软无心菜（*A. debilis*），产云南西北部、西藏东南部，生于海拔 2 500～4 500 米的山坡草地、高山草甸及冷杉林缘灌丛中。轮叶无心菜（*A. galliformis*），中国特有种，产四川西南部，生于海拔 4 200～4 300 米的岩石缝隙。澜沧雪灵芝（*A. lancangensis*），中国特有种，产云南西北部、四川西部、西藏东南部和青海东南部，生于海拔 3 500～

4 800 米的高山草甸和砾石带。老牛筋属（*Eremogone*），藓状雪灵芝（*E. bryophylla*），产西藏和青海南部，生于海拔 4 200～5 200 米的河滩沙砾石地、高山草甸和高山碎石带。山居雪灵芝（*E. edgeworthiana*），产西藏，生于海拔 4 200～5 050 米的高山草甸、草甸草原和河滩。瘦叶雪灵芝（*E. ischnophylla*），中国特有种，产西藏东南部，生于海拔 4 500～5 100 米的高原草甸。库莽雪灵芝（*E. kumaonensis*），产西藏，生于海拔 4 650 米左右的高山草甸。粉花雪灵芝（*E. shannanensis*），产西藏南部，生于海拔 4 300 米左右的高山草甸。齿缀草属（*Odontostemma*），髯毛齿缀草（*O. barbatum*），中国特有种，产云南西北部、四川西南部，生于海拔 2 400～4 800 米的高山草甸、流石滩、林间草地和灌丛中。大理齿缀草（*O. delavayi*），产云南西北部、西藏东部，生于海拔 3 600～4 000 米的山地。滇蜀齿缀草（*O. dimorphitrichum*），产云南西北部、四川西南部，生于海拔 2 800～3 900 米的山坡草地、亚高山云杉林混交林下、林缘或灌丛中。真齿无心菜（*O. euodontum*），产云南西北部，生于海拔 3 000～4 200 米的高山草甸。玉龙山齿缀草（*O. fridericae*），中国特有种，产云南西北部、西藏东南部，生于海拔 2 800～4 700 米的灌丛、石灰岩峭壁缝隙中。不显无心菜（*O. inconspicuum*），中国特有种，产云南西北部，生于海拔 3 600～4 600 米的山地草坡。无饰无心菜（*O. inornatum*），中国特有种，产云南西北部，生于海拔 4 000～4 150 米的山地。长柱无心菜（*O. longistylum*），产云南西北部、四川西部和西藏东南部，生于海拔 3 600～5 000 米的林缘和高山草甸。女娄无心菜（*O. melandryiforme*），产西藏南部和中部，生于海拔 4 000～4 900 米的山顶裸岩地和石滩上。滇藏无心菜（*O. napuligerum*），产云南西北部、西藏东部、四川西部，生于海拔 3 000～5 000 米的山坡草地。紫红无心菜（*O. rockii*），产云南西北部，生于 3 800～4 725 米的山地。粉花无心菜（*O. roseiflorum*），产云南西北部，生于海拔 3 540～4 000 米的高山草甸、砾石滩及山顶裸露地。

景天科（Crassulaceae），草本、半灌木或灌木，常有肥厚、肉质的茎、叶，无毛或有毛。中国有 10 属 242 种。西南地区主要分布有红景天属（*Rhodiola*），长鞭红景天（*R. fastigiata*），产西藏、云南、四川，生于海拔 2 500～5 400 米的山坡石上。四裂红景天（*R. quadrifida*），产西藏、四川、新疆、青海、甘肃，生于海拔 2 900～5 100 米的沟边、山坡石缝中。西藏红景天（*R. tibetica*），产西藏西南部，生于海拔 4 050～5 400 米的山沟碎石坡或山沟边。

杜鹃花科（Ericaceae），木本植物，灌木或乔木，体型小至大。地生或附生。通常常绿，少有半常绿或落叶。云南、四川及西藏间的横断山区是世界杜鹃花的起源地和最大的分布中心。云南更甚，是中国乃至世界杜鹃花卉种类最多的地区之一，云南杜鹃花卉的主要特点是种类繁多、花色丰富、株型多样，在西南地区高山花卉资源中占有重要的地位。西南地区主要分布有杉叶杜属（*Diplarche*），杉叶杜（*D. multiflora*），产云南西北部、西藏东南部，生于海拔 3 500～4 100 米的亚高山草甸、高山灌丛、石坡、石缝中。白珠属（*Gaultheria*），伏地白珠（*G. suborbicularis*），产云南西北部，生于海拔 3 000～3 800 米的高山灌丛草地。杜鹃花属（*Rhododendron*），暗叶杜鹃（*R. amundsenianum*），产四川西南部，生于海拔 3 900～4 250 米的高山上。暗紫杜鹃（*R. atropunicum*），产四川西南部，生于海拔 3 600 米左右的林缘。张口杜鹃（*R. augustinii* subsp. *chasmanthum*），产云南西北部及其毗邻的西藏察瓦龙，生于海拔 3 300～3 700 米的云杉林。深红朱砂杜鹃（*R. cinnabarinum* var. *roylei*），产西藏，生于海拔 3 500～3 900 米的山坡灌丛中。道孚杜鹃（*R. dawuense*），产四川西北部，生于海拔 4 500 米左右的高山杜鹃灌丛中。草莓花杜鹃（*R. fragariiflorum*），产西藏东南部及南部，生于海拔 3 800～5 000 米的高山草甸、山顶灌丛中。广口杜鹃（*R. ludlowii*），产西藏东南部，生于海拔 3 900～4 200 米的有苔藓覆盖的岩坡上。炉霍杜鹃（*R. luhuoense*），产四川西北部，生于海拔 4 000 米左右的红杉林下。红线杜鹃（*R. mekongense* var. *rubrolineatum*），产云南西北部、西藏东南部和南部，生于海拔 3 000～4 200 米的多石草地、林缘，罕见于湿润处。林芝杜鹃（*R. nyingchiense*），产西藏东南部，生于海拔 3 700～4 300 米的林下或山坡。长柱直枝杜鹃

(*R. orthocladum* var. *longistylum*)，中国特有种，产云南北部和西北部，生于海拔 3 500 米左右的高山灌丛。阔叶杜鹃（*R. platyphyllum*），产云南西北部、中部和西部，生于海拔 3 000～4 500 米的开阔草坡、岩崖、高山灌丛或竹丛中。宽柄杜鹃（*R. rothschildii*），产云南西北部，生于海拔 3 700～4 000 米的林中。红背杜鹃（*R. rufescens*），产青海和四川西南部、北部、中部，生于海拔 3 600～4 600 米的岩坡及林下灌丛中。木里多色杜鹃（*R. rupicola* var. *muliense*），产四川西南部、云南西北部，生于海拔 3 000～4 900 米的空旷砾石草地、高山草甸或松林中。水仙杜鹃（*R. sargentianum*），产四川西部和中部，生于海拔 3 000～4 300 米的高山崖坡和峭壁陡岩上。单色杜鹃（*R. tapetiforme*），中国特有种，产云南西北部、西藏东南部，生于海拔 3 300～4 800 米的高山开阔的砾石草地、岩坡、高山杜鹃灌丛或杜鹃-柳灌丛中。草原杜鹃（*R. telmateium*），产云南西北部、北部、中部和四川西部、西南部，生于海拔 2 700～5 000 米的林缘、杜鹃灌丛、高山草地或岩坡。苍白杜鹃（*R. tubiforme*），产西藏东南部，生于海拔3 000～3 600 米的河滩、砾石滩、灌丛中。纯白杜鹃（*R. wardii* var. *puralbum*），中国特有种，产四川西南部、云南西北部，生于海拔 3 400～4 600 米的山坡草地及灌木丛中。黄花毛蕊杜鹃（*R. websterianum* var. *yulongense*），产四川西北部，生于海拔 4 300～4 770 米的高山草地。

豆科（Fabaceae），分布极为广泛，生长环境多样。叶互生，稀对生，常为羽状或掌状复叶。花两性，单生或组成总状或圆锥状花序。西南地区主要分布有黄芪属（*Astragalus*），川西黄芪（*A. craibianus*），产四川西部，生于海拔 3 900～4 800 米的山坡荒地或高山草原。笔直黄芪（*A. strictus*），产西藏，分布较广，生于海拔 3 500～4 600 米的河边湿地、林缘、路边、河滩砾石地和高山砾石地。[①] 云南黄芪（*A. yunnanensis*），产西藏、云南西北部、四川西部，生于海拔 3 000～4 300 米的山坡或草原上。锦鸡儿属（*Caragana*），变色锦鸡儿（*C. versicolor*），

① 郎楷永，冯志丹，李渤生．中国高山花卉［M］．北京：中国世界语出版社，1997.

产四川南部、西藏等地，生于海拔 4 500～4 800 米的砾石山坡、砾石河滩、灌丛中。印度锦鸡儿（*C. gerardiana*），产西藏、青海，生于海拔 3 700～4 100 米的山坡灌丛中。

龙胆科（Gentianaceae），龙胆属（*Gentiana*），一年生或多年生草本。茎直立，四棱形，斜升或铺散。叶对生，稀轮生，在多年生的种类中，不育茎或营养枝的叶常呈莲座状。与报春花属（*Primula*）、杜鹃花属（*Rhododendron*）统称为“三大名花”，并在高山“五花草甸”的组成中占有重要地位。西南地区主要分布有椭叶龙胆（*G. altigena*），产云南西北部，生于海拔 3 700～4 200 米的山坡草地。硕花龙胆（*G. amplicrater*），产西藏东南部和南部，生于海拔 3 900～4 800 米的沼泽化草甸、山坡流水线处。异药龙胆（*G. anisostemon*），产云南西北部，生于海拔 3 600～4 300 米的草坡、林下。银脉龙胆（*G. argentea*），产西藏西部，生于海拔 4 000～5 000 米的草地。天冬叶龙胆（*G. asparagoides*），产云南，生于海拔 3 500～3 800 米的高山沼泽地。宝兴龙胆（*G. baoxingensis*），产四川，生于海拔 4 000 米左右的山坡草地。秀丽龙胆（*G. bella*），产云南，生于海拔 3 000～4 050 米的高山草甸、林下及草地。石竹叶龙胆（*G. caryophyllea*），产云南西北部，生于海拔 4 000～4 300 米的高山草地。景天叶龙胆（*G. crassula*），产西藏东南部、云南西北部、四川西南部，生于海拔 3 400～4 200 米的山坡。弯药龙胆（*G. curvianthera*），产四川，生于海拔 4 200 米左右的草甸中。深裂龙胆（*G. damyonensis*），产西藏东南部、云南西北部、四川西南部，生于海拔 3 700～5 200 米的高山石质山坡、草地及矮杜鹃丛中。多雄山龙胆（*G. doxiongshangensis*），产西藏，生于海拔 3 900～4 250 米的山坡草甸。无尾尖龙胆（*G. ecaudata*），产西藏东南部、云南西北部，生于海拔 3 000～4 500 米的山坡草地。扇叶龙胆（*G. emodii*）产西藏南部，生于海拔 4 350～5 700 米的高山砾石带及高山草甸。苍白龙胆（*G. forrestii*），产云南西北部，生于海拔 3 000～4 200 米的山坡草地、高山草甸。圆球龙胆（*G. globosa*），产西藏东南部、四川南部，生于海拔 3 700～4 300 米的山坡灌丛草地、山坡草地。吉隆龙胆（*G. gyi-*

rongensis)，产西藏，生于海拔 4 500 米左右的阴坡灌丛中。斑点龙胆(*G. handeliana*)，产西藏东南部、云南西北部，生于海拔 3 500～4 600 米的高山草甸。小耳褶龙胆（*G. infelix*），产西藏东南部，生于海拔 4 100～4 500 米的高山草甸。撕裂边龙胆（*G. lacerulata*），产西藏南部和东南部，生于海拔 4 200～4 500 米的高山草甸。条裂龙胆（*G. laciniulata*），产西藏东南部，生于海拔 3 900～4 230 米的高山草甸。大颈龙胆（*G. macrauchena*），产西藏东南部、云南西北部、四川南部，生于海拔 3 000～4 600 米的山坡、路旁、灌丛中及林缘。亮叶龙胆(*G. micans*)，产西藏南部，生于海拔 4 300～4 800 米的山坡草甸。微形龙胆（*G. microphyta*），产云南，海拔分布 4 000 米。墨脱龙胆（*G. namlaensis*），产西藏东南部，生于海拔 4 200～4 950 米的高山草甸。倒锥花龙胆（*G. obconica*），产西藏东南部，生于海拔 4 000～5 500 米的高山草甸、灌丛中。山景龙胆（*G. oreodoxa*），产西藏东南部、云南西北部，生于海拔 3 000～4 900 米的山坡草地、高山草甸。类耳褶龙胆(*G. otophoroides*)，产西藏东南部、云南西北部，生于海拔 3 200～4 050 米的石质山坡矮草地。叶萼龙胆（*G. phyllocalyx*），产西藏东南部、云南西北部，生于海拔 3 000～5 200 米的山坡草地、砾石山坡、灌丛中、岩石上。短蕊龙胆（*G. prostrata* var. *ludlowii*），产西藏南部和东南部，生于海拔 3 500～4 700 米的高山草甸、山坡路旁。四列龙胆(*G. tetrasticha*)，产西藏，生于海拔 4 200～5 300 米的山坡草地。筒花龙胆（*G. tubiflora*），产西藏西部和南部，生于海拔 4 200 米的高山草甸。

鸢尾科（Iridaceae），多年生，稀一年生草本。地下部分通常具根状茎、球茎或鳞茎。叶多基生，少为互生，条形、剑形或丝状。西南地区主要分布有鸢尾属（*Iris*），西南鸢尾（*I. bulleyana*），产四川、云南、西藏，生于海拔 2 300～3 500 米的山坡草地或溪流旁的湿地上。锐果鸢尾（*I. goniocarpa*），产四川、云南、西藏等地，生于海拔 3 000～4 000 米的高山草地、向阳山坡的草丛中及林缘、疏林下。库门鸢尾(*I. kemaonensis*)，产四川、云南、西藏，生于 3 500～4 200 米的山坡、沟谷草丛中。

百合科（Liliaceae），通常为具根状茎、块茎或鳞茎的多年生草本，很少为亚灌木、灌木或乔木状。西南地区主要分布有百合属（*Lilium*），小百合（*L. nanum*），产西藏、云南和四川，生于海拔 3 500～4 500 米的山坡草地、灌木林下或林缘。宝兴百合（*L. duchartrei*），产四川、云南等地，生于海拔 2 300～3 500 米的高山草地、林缘或灌木丛中。藏百合（*L. paradoxum*），产西藏东南部，生于海拔 3 200～3 900 米的山坡灌丛草地和岩石坡上。假百合属（*Notholirion*），假百合（*N. bulbuliferum*），产西藏、云南、四川等地，生于海拔 3 000～4 500 米的高山草丛或灌木丛中。钟花假百合（*N. campanulatum*），产云南（西北部）、四川和西藏，生于海拔 2 800～3 900 米的草坡或杂木林缘。

罂粟科（Papaveraceae），紫堇属（*Corydalis*），一年生、二年生或多年生草本，或草本状半灌木，无乳汁。我国南北各地均有分布，以西南部最集中。主要有藏中黄堇（*C. anaginova*），产西藏中部，生于海拔 4 500 米左右的山坡。小距紫堇（*C. appendiculata*），产四川西南部和云南西北部，生于海拔 2 700～4 100 米的林下、灌丛下、草坡或流石滩。囊距紫堇（*C. benecincta*），产云南西北部和四川西南部，生于海拔 4 000～6 000 米的高山流石滩的页岩和石灰岩基质上。碧江黄堇（*C. bijiangensis*），产云南碧江碧罗雪山，生于海拔 3 500 米附近的冷杉林缘沟边。双斑黄堇（*C. bimaculata*），产西藏东部至中部，生于海拔 4 000～4 200 米的阴湿地。鳞叶紫堇（*C. bulbifera*），产西藏东部，生于海拔 4 600～5 100 米的高山流石滩。灰岩紫堇（*C. calcicola*），产四川西南部和云南西北部，生于海拔 2 900～4 800 米的灌丛、高山草甸或石灰岩流石滩的石缝中。金球黄堇（*C. chrysosphaera*），产西藏，生于海拔 3 000～5 500 米的河滩地。大金紫堇（*C. dajingensis*），产四川北部和西部，生于海拔 4 100 米左右的高山流石滩。德格紫堇（*C. degensis*），产四川西北部，生于海拔 3 700～4 500 米的云杉林下或草坡。甘草叶紫堇（*C. glycyphyllos*），产四川西部，生于海拔 4 400～5 100 米的高山草甸或流石滩。裸茎延胡索（*C. gyrophylla*），产四川西北部，生于海拔 4 500 米左右的邻岩石草地。钩距黄堇（*C. hamata*），产四川西部和云南西北部等地，生于海拔 3 400～4 200 米的草坡或水沟边。半荷包紫堇（*C. hemidicentra*），产云南西北部，生于海拔 3 500～5 300 米的高山流石滩。宽鳞紫堇（*C. latilepidota*），产云南德钦，海拔分布 4 150～4 400 米。拉萨黄堇（*C. lhasaensis*），产西藏中部，生于海拔 4 800米左右的高山草地。多叶紫堇（*C. polyphylla*），产云南西北部和西藏东部，生于海拔 3 600～4 000 米的阴湿坡地。齿苞黄堇（*C. wuzhengyiana*），产四川西部和西藏东部，生于海拔 3 800～4 100 米的多石山坡或河滩地。

绿绒蒿属（*Meconopsis*），一年生或多年生草本，具黄色液汁。主根明显，肥厚而延长或萝卜状增粗。集中分布于西南部，主要包括白花绿绒蒿（*M. argemonantha*），产西藏东南部，海拔分布 4 140 米。藿香叶绿绒蒿（*M. betonicifolia*），产云南西北部和西藏东南部，生于海拔 3 000～4 000 米的林下或草坡。优雅绿绒蒿（*M. concinna*），产云南西北部和四川西南部，生于海拔 3 300～4 500 米的草坡或杜鹃灌丛中。西藏绿绒蒿（*M. florindae*），产西藏东南部，海拔分布 3 300～3 900 米。丽江绿绒蒿（*M. forrestii*），产云南西北部和四川西南部，生于海拔 3 100～4 300 米的草坡。黄花绿绒蒿（*M. georgei*），特产云南西北部维西，海拔分布 3 600～4 300 米。大花绿绒蒿（*M. grandis*），产西藏中南部，生于海拔 3 000～5 100 米的冷杉林下、林缘或山坡灌丛中。滇西绿绒蒿（*M. impedita*），产四川西南部、云南西北部和西藏东南部，生于海拔 3 400～4 500 米的草坡或岩石坡。轮叶绿绒蒿（*M. integrifolia* var. *uniflora*），产云南西北部，生于海拔 4 350～4 450 米的山坡草地。吉隆绿绒蒿（*M. pinnatifolia*），产西藏南部，生于海拔 3 500～4 200 米的山坡岩石缝隙。报春绿绒蒿（*M. primulina*），产西藏中南部，海拔分布 3 900～4 500 米。单叶绿绒蒿（*M. simplicifolia*），产西藏东南部至中南部，生于海拔 3 300～4 500 米的山坡灌丛草地或石缝中。高茎绿绒蒿（*M. superba*），产西藏中南部，海拔分布约 4 000 米。毛瓣绿绒蒿（*M. torquata*），产西藏南部，生于海拔 3 400～3 800 米的山坡上。

秀丽绿绒蒿（*M. venusta*），产云南西北部，生于海拔 3 300～4 650 米的山坡。乌蒙绿绒蒿（*M. wumungensis*），产云南中部，生于海拔 3 600～3 800米的湿润石上、岩壁上。

蓼科（Polygonaceae），草本稀灌木或小乔木。叶为单叶，互生，稀对生或轮生。西南地区主要分布有大黄属（*Rheum*），心叶大黄（*R. acuminatum*），产四川、云南和西藏等地，生于海拔 2 800～4 000 米的山坡、林缘或林中。苞叶大黄（*R. alexandrae*），产西藏东部、四川西部和云南西北部，生于海拔 3 000～4 500 米的山坡草地，常长在较潮湿处。藏边大黄（*R. australe*），产西藏中部和东部，较多分布于北纬 30°以南海拔 3 400～4 300 米的高山草甸或荒山草地。滇边大黄（*R. delavayi*），产四川西部和云南西北部，生于海拔 3 000～4 800 米的高山石隙或草丛中。拉萨大黄（*R. lhasaense*），产西藏中部偏东，生于海拔 4 200～4 600 米的山坡草地。塔黄（*R. nobile*），产西藏喜马拉雅山麓和云南西北部，生于海拔 4 000～4 800 米的高山石滩及湿草地。菱叶大黄（*R. rhomboideum*），产西藏中部和东部，生于海拔 4 700～5 400 米山坡草地或河滩草地。

报春花科（Primulaceae），多年生或一年生草本，稀为亚灌木。茎直立或匍匐，具互生、对生或轮生之叶，或无地上茎而叶全部基生，并常形成稠密的莲座丛。中国有 10 余属约 500 种，西南地区分布有大量不同种属的报春花，主要有点地梅属（*Androsace*），花叶点地梅（*A. alchemilloides*），产云南西北部，生于海拔 3 000～4 000 米的山坡草地和阳处石上。睫毛点地梅（*A. ciliifolia*），产西藏南部，生于海拔 4 000～5 300 米的山顶草甸。滇西北点地梅（*A. delavayi*），产云南西北部、四川西南部和西藏东南部，生于海拔 3 000～4 500 米的多砾石的山坡和岩石缝中。高莛点地梅（*A. elatior*），产四川西北部和西藏东北部等地，生于海拔 3 500～4 200 米的阴坡林下、灌丛中和湿润的石缝中。大花点地梅（*A. euryantha*），产云南西北部，生于海拔 4 000～4 500 米的高山石上。披散点地梅（*A. gagnepainiana*），产云南西北部，生于海拔 3 500～4 100 米的阴坡林缘和石缝中。圆叶点地梅

(*A. graceae*)，产四川西南部和云南西北部，生于海拔 3 800～4 600 米的流石滩石缝中。绢毛点地梅（*A. nortonii*），产西藏，生于海拔 4 100～4 500 米的多砾石的山坡。硬枝点地梅（*A. rigida*），产云南西北部和四川西南部，生于海拔 2 900～3 800 米的山坡草地、林缘和石缝中。雪球点地梅（*A. robusta*），产西藏南部聂拉木等地，生于海拔 3 100～5 100 米的山坡草地。紫花点地梅（*A. selago*），产西藏东南部，生于海拔 3 600～4 600 米的干旱的山坡草地。狭叶点地梅（*A. stenophylla*），产西藏东部和四川西部，生于海拔 2 900～4 200 米的山坡草地。察隅点地梅（*A. zayulensis*），产西藏东南部，生于海拔 3 650～3 950 米的向阳的石灰岩石壁上。

独花报春属（*Omphalogramma*），主要包括钟状独花报春（*O. brachysiphon*），产西藏，生于海拔 4 000～4 600 米的开阔的山坡、有苔藓覆盖的湿润土壤中。大理独花报春（*O. delavayi*），产云南，生于海拔 3 300～4 000 米的高山灌丛及草坡上。丽花独花报春（*O. elegans*），产云南西北部，生于海拔 3 200～4 700 米的林缘、灌丛边和泥炭沼泽地。光叶独花报春（*O. elwesianum*），产西藏东南部，生于海拔 3 800～4 000米的高山草地。中甸独花报春（*O. forrestii*），产云南和四川，生于海拔 3 500～4 000 米的砾石草地和杜鹃灌丛中。小独花报春（*O. minus*），产西藏东部、云南西北部和四川西南部，生于海拔 3 500～4 000 米的高山砾石灌丛草坡。长柱独花报春（*O. souliei*），产四川西南部、云南西北部和西藏东部，生于海拔 3 300～4 500 米的松林缘和杜鹃丛中。西藏独花报春（*O. tibeticum*），产西藏，生于海拔 4 000 米左右的高山灌丛中。

报春花属（*Primula*），种类较多的一个属，在西南地区分布较为广泛，主要有乳黄雪山报春（*P. agleniana*），产云南西北部和西藏东部边缘地带，生于海拔 4 000～4 500 米的高山草坡和溪边草地。尖齿紫晶报春（*P. amethystina* subsp. *argutidens*），产四川西部康定至理县、黑水一带，生于海拔 3 500～5 000 米的高山草地。单花小报春（*P. annulata*），产云南西北部，生于海拔 4 700 米左右的石灰岩石壁上。山丽报春（*P. bella*），产西藏东南部、云南西北部和四川西南部，生于海拔3 700～4 800米的山坡乱石堆间。菊叶穗花报春（*P. bellidifolia*），产西藏南部，生于海拔4 200～5 300米的多石山坡、杜鹃丛或冷杉林下。暗紫脆蒴报春（*P. calderiana*），产西藏，生于海拔3 800～4 700米的高山草地和水沟边。美花报春（*P. calliantha*），产云南大理、巍山、泸水等地，生于海拔4 000米左右的山顶草地。亮白小报春（*P. candicans*），产西藏，生于海拔4 100～4 200米的岩石上。蜡黄报春（*P. cerina*），产四川西部，生于海拔4 400米左右的高山草坡。蓝花裂叶报春（*P. chionata* var. *violacea*），生于海拔4 200米左右的高山湿草地和流水边。裂叶脆蒴报春（*P. chionata*），产西藏米林，生于海拔3 800～4 400米的山坡草地。番红报春（*P. crocifolia*），产四川西部，生于海拔4 300～4 800米的高山草甸和碎石中。石岩报春（*P. dryadifolia*），产四川西部、云南西北部和西藏东南部，生于海拔4 000～5 500米的高山草甸和岩石缝中。卵叶雪山报春（*P. elizabethiae*），西藏特有种，生于海拔约4 500米的高山草地。扇叶垂花报春（*P. flabellifera*），产西藏南部，生于海拔4 700～5 000米的高山草坡上。长瓣穗花报春（*P. gracilenta*），产云南西北部和四川西南部，生于海拔3 000～4 500米的湿润草地和石灰岩缝隙中。禾叶报春（*P. graminifolia*），产四川北部，生于海拔4 000～4 800米的近山顶的草坡。大花脆蒴报春（*P. hilaris*），西藏特有种，生于海拔4 000～5 000米的山边石缝中。春花脆蒴报春（*P. hookeri*），产云南西北部和西藏东南部，生于海拔4 000～5 000米的高山草地、多石的山坡和林下。单朵垂花报春（*P. klattii*），产西藏南部，生于海拔4 300～4 700米的高山草地。工布报春（*P. kongboensis*），西藏特有种，生于海拔4 700～5 000米的高山草地。粉莛报春（*P. melanops*），产四川西南部，生于海拔3 900～5 000米的高山草地、林下和流石滩上。林芝报春（*P. ninguida*），产西藏，生于海拔3 900～5 000米的高山草甸、溪边林缘和灌丛中。匙叶小报春（*P. praetermissa*），产西藏，生于海拔4 000米左右的高山草地。朗贡灯台报春（*P. prenantha* subsp. *morsheadiana*），产西藏东南部，生于海拔 3 500～4 040 米的高山草地。洛拉小报春（*P. rhodochroa* var. *geraldinae*），产西藏墨脱，生于海拔 3 800～4 600 米的湿润岩壁上。深红小报春（*P. rubicunda*），产西藏东南部，生于海拔4 800米左右的草地或石上。小垂花报春（*P. sapphirina*），产西藏南部，生于海拔 4 000～5 000 米的湿润的石缝和苔藓中。矩圆金黄报春（*P. strumosa* subsp. *tenuipes*），产西藏南部，生于海拔 3 500～4 300 米的冷杉林缘。线叶小报春（*P. subularia*），产西藏，常与苔藓植物混生于湿润的岩石上，海拔分布 4 500～4 800 米。四川报春（*P. szechuanica*），产四川西部和云南西北部，生于海拔 3 300～4 500 米的高山湿草地、草甸和杜鹃丛中。黄甘青报春（*P. tangutica* var. *flavescens*），产四川和西藏，生于海拔 3 800～4 400 米的山坡湿草地和杜鹃林下。匍茎小报春（*P. tenella*），产西藏，生于海拔 4 700～5 000 米的石壁缝中。细裂小报春（*P. tenuiloba*），产西藏，生于海拔 4 200～5 400 米的冰碛石上的苔藓中。纤柄报春（*P. tenuipes*），产四川西北部，生于海拔 4 400 米左右的山地阳坡岩石边。东俄洛报春（*P. tongolensis*），产四川西部和云南西北部，生于海拔 4 000～4 500 米的高山草地。三裂叶报春（*P. triloba*），产云南和西藏东部，生于海拔 3 700～5 000 米的高山泥炭草甸和石缝中。

毛茛科（Ranunculaceae），乌头属（*Aconitum*），多年生至一年生草本。根为多年生直根，或由 2 至数个块根形成，或为一年生直根。茎直立或缠绕。我国约有 170 种，大多分布于云南北部、四川西部和西藏东部的高山地带，主要有剑川乌头（*A. handelianum*），产云南西北部（剑川），生于海拔 4 000 米左右的山地林边灌丛或草丛中。滇北乌头（*A. iochanicum*）产云南北部，生于海拔 3 700～3 800 米的山地草坡。凉山乌头（*A. liangshanicum*），产四川西南，生于海拔 4 300～4 500 米的山地草坡或林中。贡嘎乌头（*A. liljestrandii*），产西藏东部和四川西部，生于海拔 4 200～4 600 米的山地草坡。长柄乌头（*A. longipetiolatum*），产西藏东南部，生于海拔 3 960～4 720 米的多石山坡、矮圆柏林边或冷杉林中多石的溪边。德钦乌头（*A. ouvrardianum*），产云南西北部和西藏东南部，生于海拔 3 000～4 000 米的山地草坡。美丽乌头（*A. pulchellum*），产西藏东南部、云南西北部和四川西南部，生于海拔 3 500～4 500 米的山坡草地，常见于多砾石处。

银莲花属（*Anemone*），多年生草本，有根状茎。叶基生，少数至多数，有时不存在，或为单叶，有长柄，掌状分裂，或为三出复叶，叶脉掌状。多分布于西南高山地区。主要有展毛银莲花（*A. demissa*），产四川西部、西藏东部和南部等地，生于海拔 3 200～4 600 米的山地草坡或疏林中。钝裂银莲花（*A. obtusiloba*），产西藏南部和东部、四川西部等地，生于海拔 2 900～4 000 米的高山草地或铁杉林下。

翠雀属（*Delphinium*），多年生草本，稀为一年生或二年生草本。叶为单叶，互生，有时均基生，掌状分裂，有时近羽状分裂。我国约有 100 余种，除台湾省和海南省以外，其他各省份均有分布。西南地区主要分布有巴塘翠雀花（*D. batangense*），产云南西北部（德钦）和四川西南部，生于海拔 3 400～4 200 米的山地草坡。宽距翠雀花（*D. beesianum*），产云南西北部、四川西南部，生于海拔 3 500～4 600 米的山地草坡或多砾石处。囊距翠雀花（*D. brunonianum*），产西藏南部，生于海拔 4 500～6 000 米的草地或多石处。奇林翠雀花（*D. candelabrum*），产西藏色林错（曾名奇林湖）一带，生于海拔 5 100～5 300 米的山谷草地或多石山坡。尾裂翠雀花（*D. caudatolobum*），产四川西北部甘孜，生于海拔 4 600 米左右的山地草坡。黄毛翠雀花（*D. chrysotrichum*），产四川西部和西藏东部，生于海拔 4 200～5 000 米的山地多砾石山坡。仲巴翠雀花（*D. chungbaense*），产西藏西南部，生于海拔 5 600 米左右的多砾石山坡。冰川翠雀花（*D. glaciale*），产西藏中部，生于海拔 5 300 米左右的多砾石山坡。丽江翠雀花（*D. likiangense*），产云南北部丽江和中甸，生于海拔 3 400～4 500 米的山地草坡或多砾石山坡。叠裂翠雀花（*D. nordhagenii*），产西藏西部，生于海拔 4 900～5 500 米的多砾石山坡。尖距翠雀花（*D. oxycentrum*），产四川西南部贡嘎山，生于海拔4 000米左右的山地林边草坡。波密翠雀花（*D. pomeense*），产西藏东部，生于海拔 3 800～4 000 米的山地冷杉林中。普兰翠雀花（*D.*

pulanense），产西藏西南部普兰，生于海拔 5 000 米左右的山地多砾石山坡。紫苞翠雀花（*D. purpurascens*），产西藏南部，生于海拔3 800～4 700 米的山坡。宝兴翠雀花（*D. smithianum*），产四川西部和云南西北部，生于海拔 3 500～4 600 米的山地多砾石山坡。螺距翠雀花（*D. spirocentrum*），产云南西北部和四川西南部，生于海拔 3 500～4 200米的山地草坡、林边或灌丛中。堆拉翠雀花（*D. wardii*），产西藏南部，生于海拔 4 200 米左右的山地灌丛中。

虎耳草科（Saxifragaceae），草本（通常为多年生），灌木，小乔木或藤本。单叶或复叶，互生或对生，一般无托叶。主产西南地区。金腰属（*Chrysosplenium*），贡山金腰（*C. forrestii*），产云南西北部和西藏东南部，生于海拔 3 600～4 700 米的林下、高山灌丛草甸和高山碎石隙。褐点金腰（*C. fuscopuncticulosum*），产云南西北部，生于海拔3 600米左右的林下石隙。单花金腰（*C. uniflorum*），产四川西部、云南西北部和西藏东部等地，生于海拔 2 400～4 700 米的林下、高山草甸或石隙。虎耳草属（*Saxifraga*），西藏虎耳草（*S. tibetica*），产西藏等地，生于海拔 4 400～5 600 米的高山草甸、沼泽草甸和石隙。金星虎耳草（*S. stella-aurea*），产四川西部、云南（德钦、贡山）和西藏等地，生于海拔 3 000～5 800 米的高山灌丛草甸、高山草甸和高山碎石隙。亭阁草属（*Micranthes*），黑蕊亭阁草（*M. melanocentra*），产四川西部和云南西北部等地，生于海拔 3 000～5 300 米的高山灌丛、高山草甸和高山碎山隙。

2.3.4 高山花卉资源开发利用现状

（1）西南地区花卉产业

重庆市属中亚热带气候，降水充沛，无霜期长，土地肥沃，发展花卉产业有独特的气候优势。据悉，全市各类花卉苗木种植面积超 86 万亩，年销售额约 50 亿元，有各类花卉苗木企业 2 000 多家，花农超 50 000 户，相关从业人员超 12 万人，已基本形成具有一定规模的花卉苗木种植、花木观光旅游、花卉苗木交易市场三类产业互补的合理布局。[①] 重庆市围绕绿化苗木、草花盆栽植物、药食两用花卉、高山花卉、乡土特色花卉、水生花卉、观花观叶植物、盆景及树桩盆景、禾本观赏植物等九大类特色花卉，协同推动发展花卉苗木生产，积极构建特色花卉苗木产业带。积极组织开展木本花卉种植资源保护收集、良种选育及培育指导，选育审（认）定的“静观素心”蜡梅、垫江太平牡丹、“仙女”云锦杜鹃、红运彩桂等16个木本花卉品种，每年带动花卉相关产业产值近5亿元。重庆成功举办了2018年、2019年和2020年三届长江上游城市花卉艺术博览会，全面推动全市花卉产业转型升级。但在生产技术规划和质量检查标准、信息、人才培养、品牌建设、进出口等方面重庆尚未形成有效的社会化管理和服务体系，面对激烈的市场竞争，难以形成品牌效应，产业发展受到一定制约。随着成渝地区双城经济圈建设重大决策部署落地，在符合耕地用途管控的前提下，重庆大力鼓励绿色创新生态产业发展，花卉苗木产业将迎来转型升级契机。

四川省是花卉资源大省，也是花卉产业大省。四川省有野生花卉和传统名花5 000余种，数量居全国第二，其花卉园艺园林应用历史可追溯到1 000多年前。四川花卉种植面积、产值、经营实体和从业人员数量均居全国前列，并逐步形成以成都和西昌两大花木产区为核心的川花格局。花卉产业是四川省现代农业“10＋3”产业体系之一，2021年四川省花卉种植面积达265万亩，销售额达110亿元，相较2020年增长了14%。[②] 在带动就业、助农增收、招商引资、推动消费、美化城市居住环境等方面发展势头良好。在打造花卉行业品牌、转型升级高质量发展方面，四川省推动成都、西昌两大花卉主产区建设高标准现代花卉产业园，同时在全省打造一批川派盆景和花木编艺综合示范园区，高质量发展传统名贵花木和地方特色花木。四川省强化科研支撑，加强现代科

---

① 重庆市林业局．重庆市林业局关于市政协五届五次会议第0827号提案的复函［EB/OL］．重庆市人民政府网，（2022－05－07）［2022－11－20］．http：//lyj.cq.gov.cn/zwgk_237/fdzdgknr/jytagk_1/202212/t20221227_11425791.html.

② 佚名．向花卉产业强省跨越　四川省花卉协会第三届理事会第四次会议召开［EB/OL］．网易，（2022－11－24）［2022－11－27］．https：//www.163.com/dy/article/HMUM126005449RE8.html.

技育种，推进花卉职业技能培训，逐步形成了以西昌小盆花和成都容器苗为代表的“花卉双子星”。在完善体系方面，四川将建设以成都市郫都区为重点区域的大型花卉市场，高起点规划建设，改变市场小而散的格局。同时，借助以成都市温江区为重点区域的花木进出口集散区，将跨境电商作为发展外贸的新模式。此外，还有西昌地区花卉物流中心。四川省形成了以成都为核心，带动西昌和郊区发展的花卉市场体系。

贵州省有丰富的植物种质资源和多样的地理气候环境，具备良好的花卉产业发展基础条件。据统计，2020 年全省花卉苗木种植面积约 96.6 万亩，产值 73 亿元。其中，花卉种植面积 72.6 万亩（含设施花卉 9 000 余亩），绿化观赏苗木 24 万亩。生产切花 42 814 万枝，主要有菊花、百合、月季（玫瑰）等；盆栽盆景植物 1 731 万余盆，主要有兜兰、高山杜鹃、火棘、铁筷子等；露地花卉以食用百合、食用菊花、玫瑰、山茶、月季等为主。经营主体方面，全省有花卉经营主体 2 000 多家，规模以上企业 300 家，从业人员 7.3 万人，花卉市场 140 多个。① 但是，限于全省经济社会发展水平的制约，政策支持力度不够，市场发育缓慢，发展环境不佳，导致花卉产业生产方式粗放、规模小而散、抗风险能力弱、综合效益低下，一直处于低水平初级阶段，与周边云南、四川等省相比，差距较大，表现为没有体现出花卉产业的高效特质。贵州省花卉产业发展应以本土特色优势花卉植物为产业开发重点，整合各类优势资源，优先扶持、因地制宜，提升自主创新能力，推动花卉产业快速发展。

云南省因其独特的地理环境和气候条件，被誉为“植物王国”“世界花园”，有着丰富的花卉资源。云南是全球三大花卉主产区之一，斗南花卉市场是世界第二、亚洲第一大花卉交易中心。云南省花卉产业经过 40 多年的发展，已经成为生态文明建设和推进乡村振兴战略的重点

① 贵州省林业局．贵州省花卉产业“十四五”发展规划（2021—2025 年）[EB/OL].（2021-12-01）[2022-11-27]. http：//www.leishan.gov.cn/zfbm/lyj/zcwj_5704658/202201/P020220110533747436255.pdf.

产业，2021 年，在我国双循环驱动下，云南花卉大省的地位持续巩固，全省花卉种植面积达 192 万亩，生产规模基本保持稳定。鲜切花产销量连续 28 年保持全国第一。2021 年，鲜切花产量 162.2 亿枝，同比增长 10.7%，占全国鲜切花总产量的 50%以上，其中玫瑰约占全国总产量的 70%；产值 140.4 亿元，同比增长 21.1%。全省盆花种植面积 12.9 万亩，产量 6.8 亿盆，产值 3.6 亿元。其中，盆栽玫瑰产量 0.15 亿盆，占全国玫瑰盆花产量的 70%；大花蕙兰盆花产量 0.66 亿盆，占全国总产量的 90%以上；国兰盆花产量 0.38 亿盆，约占全国总产量的 40%；多肉盆花产量超 2.5 亿盆，占全国总产量的 60%。全省共有花卉企业 7 950 家，其中年营业额亿元以上规模企业 7 家；有花卉生产合作组织 626 个，花农 13.3 万户。全省花卉绿色高效生产种植面积 2.8 万亩，较上一年度增长 53.8%，其中鲜切花无土栽培、水肥循环面积突破 1 万亩，花卉生产种植模式绿色化发展进程加快，从原有的外企、合资企业逐步向本土企业、合作社及种植大户延伸。2021 年，全省花卉全产业链产值达 1 034.2 亿元，同比增长 24.6%，突破千亿元大关。其中，花卉产业农业产值 406.25 亿元，同比增长 4.1%；农产品加工业产值 524.87 亿元，同比增长 145.7%；批发零售销售额增加值 103.14 亿元。加工产值与农业产值比为 1.29∶1。2021 年，云南省累计育成花卉新品种 1 054 个，约占全国总量的 40%，品种创新能力居全国第一，全省投入商品化生产的自主知识产权花卉新品种 50 余个。2021 年，全省出口花卉销售额 3.37 亿美元，其中鲜切花出口量 25.4 亿枝，出口额 1.06 亿美元，与去年同期基本持平。

然而，云南花卉产业发展仍然面临科技创新体系不健全、绿色生产体系待强化和供应交易体系不完善等突出问题。云南花卉产业“大而不强”，科技创新资源和力量碎片化问题突出，大数据和人工智能等跨学科高端人才面临结构性短缺；品种和技术对外依存度较高，自育品种面对全球化的竞争能力还相对较弱，市场占有率不足 15%；全省花卉 80%以上依然是散、小、弱花农生产，设施相对落后，标准化程度低，全省花卉单位面积产值仅为荷兰的 1/3；鲜切花无土栽培面积整体不到

10%。花卉区域性、产地型、标准化的终端集散中心和冷链物流体系建设滞后，花卉流通“前一公里”问题突出，花损率在30%以上；花卉电商阵地配套条件亟须改善，国际化电商总部尚未建成，集群式发展受限；物流运输体系不完善，导致花卉出口价格低、成本高、损耗大，出口价格仅为荷兰的3/5、哥伦比亚的4/5。①

西藏自治区西北寒冷、东南温暖湿润，气候表现为由东南向西北的带状更替。独特的气候条件造就了西藏丰富的野生花卉资源，但这些丰富的资源并没有得到合理的开发利用。此外，由于经济发展水平相对落后于东部地区，近几年西藏的花卉业虽有了一定程度的发展，但进展较缓。1993年，西藏自治区林业局率先在拉萨市区发展花卉业，建立了西藏自治区林木花卉引种基地，并给予资金扶持政策，鼓励职工承包林木花卉生产基地。② 随着人们美化环境意识的增强，目前，西藏各地如拉萨、山南、林芝等地出现了很多私营苗圃。2020年，距离拉萨市65千米的林周县边交林乡利用阳光温室示范园区的智能温室棚和连动棚开展了花卉种植，着力打造拉萨市最大的花卉种植基地。园区总占地面积1 126亩，共有285个大棚，所有花卉均严格按照无公害生产标准进行种植。园区实行“政府+企业+农户”的经营管理模式，培育和种植了蔬菜（含食用菌类）、水果、花卉等。花卉种植面积达13 000米^2，种植花卉30余种。园区产品在保证县域供应的同时，还将向拉萨、日喀则、山南等地销售。③

由于气候干寒，很多植物在西藏越冬困难。为此，一些花卉生产基地通过温室栽培、野外抗性锻炼对某些花卉品种进行逐步驯化，成功露天栽培一批绿化用花卉品种。例如，西藏自治区林木科学研究院引种的天竺葵，经过驯育，已可用于公路街道绿化；月季、鸢尾等花卉品种也

---

① 云南省花卉产业工作组，云南省花卉产业专家组．2021年度云南省花卉产业发展报告［EB/OL］．［2022-11-27］．https：//nync.yn.gov.cn/uploadfile/s38/2022/0811/20220811110218429.pdf.

② 王玉霞．西藏花卉企业生产经营效益分析［J］．西藏农业科技，2010，32（1）：6-13.

③ 佚名．林周县打造拉萨最大花卉基地［EB/OL］．林周县人民政府官网，（2020-04-09）［2022-11-27］．http：//www.xzlz.gov.cn/cgly_1526/202004/t20200409_3011562.html.

可用于西藏公路绿化。

西藏地处边疆，交通不便，不便及时引进国内外先进的品种、技术、管理手段，高原花卉生产科研交流不足，新品种引种范围小，导致很多花卉种植者不能及时、准确捕捉市场信息、组织生产。另外，由于区内科研力量薄弱，野生花卉资源的开发利用进展较慢，对此，希望能引起有关部门、业内同行的关注。

（2）高山花卉资源利用

西南地区高山花卉的分布主要集中在海拔 3 000 米以上的各大高山。由于海拔高、日照充足、紫外线辐射强烈、气候冷凉等自然特点，高山花卉花形奇特，色彩丰富，西南地区成为中国高山花卉多样性最为集中的地区之一。

1）育种栽培。四川省针对本省花卉产业种质资源丰富但自主产权品种少的发展现状，明确要求“加大特色传统名花、乡土植物、彩叶树种的种质资源收集与保育，加强优良乡土观赏植物、食药用花卉、主栽花卉新品种的选育与推广”，以种质资源收集与保育为切入点，选育推广优良乡土观赏植物和主栽花卉新品种。报春花是世界著名的三大高山花卉之一，因花期早且花色艳而闻名，是冬春季节园林中不可或缺的成员。四川作为全世界报春花的现代分布中心之一，拥有非常丰富的野生资源，但由于我国花卉产业起步晚、发展慢，长期以来这些美丽的花儿身处深山无人知，目前园林中应用的报春花几乎全部被国外品种所垄断。小报春是报春花大家族中的一员，因其常生长于田埂上，又名田埂报春，是西南地区特有的二年生乡土草本花卉。四川农业大学风景园林学院贾茵副教授团队经过十余年的持续驯化、栽培和育种，培育出一系列观赏价值高、生态适应性强、乡土特色显著且具有我国自主知识产权的小报春新品种，在植株花色、花香、花量、生态适应性、群植效果方面有了新的突破。成立于 1988 年的华西野生植物保护实验中心（现名“华西亚高山植物园”）经过多年发展，已初具规模，成为拥有玉堂和龙池两大基地、占地 829 亩的中型植物园。玉堂基地是以低海拔杜鹃为主的珍稀濒危植物的引种保育、科研、科普、园林展示综合基地。龙池基地引种保育国产杜鹃400余种，该基地在2001年经中国科学院命名为“中国杜鹃园”。[①] 中国杜鹃园系中国科学院华西亚高山植物园的杜鹃专类园，位于四川省都江堰市风景秀丽的龙溪-虹口国家级自然保护区，海拔1 750～1 800米，占地629亩。全园分为回归园、百鹃园、杜鹃花草甸景观区、杜鹃花科普园、震后生态恢复试验区、岩石园、药用植物区、杜鹃花景观走廊、科研试验区、管理区等功能区，为我国乃至亚洲地区原始杜鹃花属植物最大的迁地保育研究基地与展示中心。20多年来，收集保育原始杜鹃种类400余种，20余万株。中国杜鹃园的建设，结束了我国作为杜鹃资源大国却无相称的国家级杜鹃资源保育、展示专类园的历史，对我国乃至世界杜鹃资源的保育、研究、科普和开发事业作出了积极贡献。[②]

中国科学院昆明植物研究所（以下简称“昆明植物所”）是中国科学院直属科研机构，是我国植物学、植物化学领域重要的综合性研究机构。昆明植物所根据云南植物特色，选育了云南山茶、杜鹃、报春、兰花等新品种，破译茶树基因组，为云南地方经济产业发展提供支持。昆明植物所在香格里拉建立了野生花卉引种实验基地，引进野生高山花卉108种，包括中甸翠雀、绿绒蒿、报春、龙胆、杜鹃等。[③] 云南省农业科学院花卉研究所自2006年起开始进行高山杜鹃野生资源收集评价，对香格里拉白马雪山、丽江玉龙雪山、大理苍山等高山地区进行实地考察，从中筛选出具有较高观赏价值的高山杜鹃资源，建立了初具规模的高山杜鹃野生资源圃，将云南高山杜鹃野生种质资源与引进的国外优良高山杜鹃栽培品种进行杂交育种，加快了育种步伐。经过多年的杂交育种研究工作，该所已建立起高山杜鹃的杂交育种技术体系，为开发利用丰富的高山杜鹃种质资源、培育出具有自主知识产权的高山杜鹃品种奠

---

① 中国科学院植物研究所华西亚高山植物园，http：//klpr. ibcas. ac. cn/hxzwy/gk/jj/.

② 中国杜鹃园，http：//klpr. ibcas. ac. cn/hxzwy/yl/djy.

③ 张石宝，胡虹，王华，等．云南的高山花卉种质资源及开发利用［J］．中国野生植物资源，2005（3）：19－22.

定了良好的工作基础。[①] 西南林业大学园林园艺学院等单位通过对总状绿绒蒿组织培养再生体系的建立，提高了总状绿绒蒿在低海拔地区的成活率，缩短其繁殖周期，为其在低海拔地区大规模繁育、栽培、引种驯化等提供一定的植物材料，解决了总状绿绒蒿在自然条件下繁殖能力较弱的问题，为其早日在园林中运用提供了科学依据。同时也为建立绿绒蒿属其他濒危种的再生体系提供参考，进一步丰富了绿绒蒿属植物的组织培养体系，有利于该属植物资源的保护与利用。[②] 云南建立了 20 多处自然保护区，杜鹃花属、报春花属、绿绒蒿属、龙胆属、马先蒿属和乌头属等高山花卉在高黎贡山国家级自然保护区、玉龙雪山自然保护区等高山自然保护区得以高度分化与特化，形成许多特有属种。以玉龙雪山自然保护区为例，玉龙雪山地区有 149 科 817 属 2 861 种种子植物，其中，中国特有种 1 550 种、云南特有种 320 种、玉龙雪山特有种 70 种。在这些植物中，以玉龙雪山或丽江命名的植物有 139 种，作为种子植物模式标本的植物约 800 种。[③]

在西藏野生花卉资源中，具有较高观赏价值和经济价值的野生花卉有数百种。由于西藏野生花卉生长环境恶劣，生存能力强，许多花卉在具有极佳观赏性的同时还兼具药用性，具备明显的开发利用价值。但由于社会经济、风俗文化等原因，西藏花卉业尚处于试验摸索阶段，野生花卉资源开发利用程度较低。[④] 近年来，西藏自治区农牧科学院蔬菜研究所花卉室开展了一系列高山花卉育种栽培工作，涉及花卉有杜鹃、绿绒蒿、马先蒿、红景天等。

2）旅游开发。花卉旅游是旅游业与花卉业相融合的旅游新形式，具有美学、环境保护、科普教育、生态、文化等价值，相较其他旅游项目而言，投资少、见效快、污染少，同时集经济效益、社会效益、生态

---

① 解玮佳，李世峰．云南高山杜鹃花种质资源与开发利用［J］．园林，2017（4）：20－25．

② 毛林鲜，刘纯敏，李斯濛，等．总状绿绒蒿组织培养再生体系的建立［J］．分子植物育种，2023，21（20）：6801－6809．

③ 吴之坤，张一．横断山：高山花卉的形成与分化中心［J］．森林与人类，2022（12）：30－33．

④ 闵治平，次仁卓嘎．西藏野生稀有花卉资源种类及开发利用途径［J］．西藏农业科技，2005（2）：45－47．

效益于一体，具有较好的发展前景。[①] 西南高山地区丰富的野生杜鹃花资源造就了众多天然杜鹃花海景观：在香格里拉白马雪山海拔 2 600～4 200米区域分布着漫山的高山杜鹃；在昆明轿子雪山海拔 3 000～4 000米处分布有许多不同种类、不同颜色的高山杜鹃；在大理苍山海拔 2 100～4 100 米的地带分布着颜色各异的杜鹃，随着海拔上升层层开放；在香格里拉石卡雪山海拔 3 000～4 000 米的地带，分布有大面积的杜鹃林。天然杜鹃花海成了天然的旅游胜地，每到杜鹃花开季节，这些地方都吸引了大量游客前来观赏，带动了当地的旅游发展。

国家 AAAA 级旅游景区、国家重点风景名胜区四川西岭雪山广泛分布着各类高山花卉——高山杜鹃、报春、绿绒蒿、龙胆，以及野生桂花、珙桐、金光菊、虞美人、鼠尾草、格桑花等花卉，每年 6—9 月，各类花卉次第开放，风景怡人。在开花期，景区还推出高山花卉节等活动。[②]

云南从 20 世纪 90 年代初开始发展商品花卉业，如今已在世界市场中占有重要地位。其中，斗南花卉市场占地 533 公顷，鲜花出口 46 个国家和地区，聚集了 1 000 多家企业，每天接待国内外参观旅客 20 万人次。云南各地花卉资源十分丰富，为当地增加了旅游收入。例如，香格里拉入春较晚，每年 5 月，迪庆漫山遍野的杜鹃花会吸引很多中外游客，迪庆州的民族特色和杜鹃花旅游相结合，创造了一流的口碑和良好的效益。[③]

同时，高山花卉资源的开发利用还与高山草甸旅游息息相关。从生态学来看，高山草甸不仅起着维持生物多样性、生境多样性的作用，还具有涵养水源、净化空气等功能，并且由于资源的稀缺性、夏季可避暑等天然优势，高山草甸旅游成为集休闲、度假、科普教育等为一体的旅

---

① 李辛怡．旅游体验下的昆明市花卉旅游发展对策研究［D］．昆明：云南财经大学，2016.

② 佚名．绽放在高山上的别样春光：西岭雪山景区举办首届高山花卉保育与利用研讨会［EB/OL］．四川旅游情报，（2018－05－11）［2022－11－27］．https：//www.sohu.com/a/231286824_406858.

③ 郑玉潇，董彬，张杰繁，等．云南花卉旅游深度开发探析［J］．旅游纵览，2020（2）：153－154.

游活动，这不仅实现了旅游开发目标，还增强了人们对高山花卉的保护意识。

3）医药保健。红景天是一种药食兼用植物，在西南地区的云南、四川、西藏均有分布，是一种适用于特殊地区开发、具有广阔发展前景的环境适应性植物，具有抗缺氧、抗寒冷、抗疲劳等功效。我国于1991年批准红景天为新食品资源，先后推出红景天胶囊、口服液等制品，在药物方面有西藏华西药业集团有限公司研制的系列产品等，在保健品方面有四川省草原科学研究院（原名四川草原研究所）研制的雪山红景天酒、四川内江红景天产业开发公司的红景天酒等。[①] 红景天还可调配保健饮料、保健茶和保健调味品红景天酱油。红景天在化妆品领域也有应用，如南源永芳集团公司开发的天然植物护肤系列产品中只用了由红景天提取物、人参提取物等植物成分组成的天然防晒剂，取代了合成防晒剂。[②]

---

① 许剑英．浅谈红景天的开发利用［J］．内蒙古农业科技，2009（3）：111，124.

② 王伟军，李延华，张兰威，等．红景天的营养保健功能及其开发利用［J］．中国酿造，2008（10）：75－79.

3 亚洲高山花卉*

3.1 亚洲基本地理情况

亚洲高山多集中在中南部，山脉结构分为三个山带：以帕米尔高原和亚美尼亚山结为枢纽，连接青藏高原、伊朗高原和安纳托利亚高原的一系列高大山脉；亚洲中部，位于蒙古高原、柴达木盆地和中西伯利亚高原之间的山群；位于亚洲东部及环太平洋岛带上的部分山脉。① 本书讨论的海拔在 3 000 米以上的高山主要集中在第一个山带，涉及的高山有庞廷山脉、托罗斯山脉、高加索山脉、厄尔布尔士山脉、扎格罗斯山脉、希贾兹山脉、阿尔泰山脉、杭爱山脉、兴都库什山脉、帕米尔高原的山脉、天山山脉、阿尔金山脉、昆仑山脉、喜马拉雅山脉、横断山脉、冈底斯山脉。此外，环太平洋岛屿上散落分布海拔达到 3 000 米以上的高山有日本的富士山、台湾岛的玉山、加里曼丹岛的京那巴鲁山、苏门答腊岛的葛林芝火山、爪哇岛的赛马鲁火山等。本章介绍的亚洲高山及高山花卉不包括中国高山及高山花卉（前文已介绍）。

3.2 主要山脉

3.2.1 伊朗-安纳托利亚地区

伊朗-安纳托利亚地区，覆盖了土耳其中部和东部、亚美尼亚、伊拉克东北部和伊朗的高海拔地区，囊括托罗斯山脉、庞廷山脉、哈卡里

---

* 撰稿人：王炎炎，张应青。

① 李四光．地壳构造与地壳运动 [J]．中国科学，1973 (4)：64-93.

山脉、厄尔布尔士山脉、阿塞拜疆高原，土库曼-霍拉桑山脉、扎格罗斯山脉和亚兹德-克尔曼高原。此地区是世界生物多样性热点地区之一，40%的植物是特有种类，拥有高海拔植物及景观的多样性。

研究者对伊朗高寒地区的维管植物区系进行初步统计，发现有682种，隶属于39科193属。这些数字只代表物种而不考虑种以下分类单元。据Akhani 2006年的统计，伊朗已知的植物种类接近7 300种。菊科（32属111种）是伊朗高山植物中最常见的被子植物科，其次是豆科（6属106种）、石竹科（11属52种）、禾本科（21属50种）、唇形科（16属50种）、十字花科（19属38种）、蔷薇科（7属38种）、伞形科（16属30种）和玄参科（5属29种）。伊朗高山植物中较常见的属有黄芪属（*Astragalus*）78种、荆芥属（*Nepeta*）21种、刺头菊属（*Cousinia*）20种、委陵菜属（*Potentilla*）19种、蝇子草属（*Silene*）18种、棘豆属（*Oxytropis*）14种。值得注意的是，其中一些属的特有种和亚特有种出现在伊拉克东北部邻近的高海拔地区的比例非常高，如黄芪属69种（88%）、刺头菊属18种（90%）、荆芥属18种（86%）。

与低地生态系统相比，伊朗的高山地区生态系统受人类活动影响较小。恶劣的自然条件和物理障碍限制了人类在此居住和从事密集的农业活动，但过度的放牧导致高原草甸系统崩坏，高山植物面临巨大威胁。

3.2.2 高加索山脉

高加索山脉主轴分水岭为南欧和西亚的分界线，位于黑海与里海之间，呈西北-东南向，横贯格鲁吉亚、亚美尼亚和阿塞拜疆三国，属阿尔卑斯运动形成的褶皱山系。高加索山脉长约1 200千米，宽200千米，山势陡峻，海拔大都为3 000～4 000米。大高加索山脉是亚洲和欧洲的地理分界线，从黑海东北岸，即俄罗斯塔曼半岛至索契附近开始往东南偏东延伸，直达里海附近的巴库为止。小高加索山脉几乎与大高加索山脉平行排列，两者由隔开了科尔基斯和库拉-阿拉斯低地的苏拉姆山脉连接。在小高加索山脉东南方矗立着塔利什山脉，它是厄尔布尔士山脉的西北部分。小高加索山脉和亚美尼亚高原构成了外高加索高地。

高加索山脉北侧称前高加索（或北高加索），属温带大陆性气候，冬季气温可降至－30 ℃，夏季气温高达 20～25 ℃，年降水量 200～600 毫米，中西部多于东部；山脉南侧称外高加索（或南高加索），属亚热带气候，西部降水量多于东部，年降水量 1 200～1 800 毫米。外高加索分属格鲁吉亚、亚美尼亚和阿塞拜疆三国。

高加索地区是世界植物多样性中心之一，也是世界八大经济作物驯化中心之一，从北部的高山草甸到南麓的亚地中海森林生长了 1 580 种维管束植物，其中约 1/3 为高加索特有种。按属和种的数量排列为：菊科、唇形科、蔷薇科、石竹科、豆科、百合科。按照经典山地生物地理学的高程划分，海拔 3 000～3 800 米称为雪下带。卡兹贝吉地区的植被生长与海拔有着密切关系，该区雪下带占 21%的面积，介于高山草原、冷杉林和冰川之间。卡兹贝吉地区的植被以垫状植物和匍匐小灌木为主，以孤立的个体或小群体的形式生长，形成了微生境多样性。

雪线在高加索山脉不同地区海拔高度也不一样，从 2 980 米到 3 800 米不等。雪下带植物一部分形成保护伞隔绝冰雪，提高微生境内的温度，也有部分以孤立个体形式生长。典型的高山植物，如毛茛属（*Ranunculus*）、马先蒿属（*Pedicularis*）、蒲公英属（*Taraxacum*）生长在积雪丰富的生境中，而雪下带的冷生植物如 *Delphinium caucasicum*、*Pseudovesicaria digitata*、*Alopecurus laguroides* 则生长在迎风坡的小石堆上。

报春的分布以高加索和阿尔卑斯山为中心，东部向伊朗北部稍延伸，西段与比利牛斯山脉相连，北至欧洲南部山区，向南延伸到地中海地区。报春花属的几个组 *Sect. Julia*、*Sect. Megaseifolia*、*Sect. Auricutastrum* 为这一地区特有。

高山草甸植株低矮，形成平坦的植毡，主要有莎草、羊茅等。

Primula ruprechtii、*Primula meyeri* 和 *Primula algida* 是较著名和美丽的几种植物。*Cerastium* 和 *Minuartia*（*M. biebersteinii*、*M. buschiana*、*M. oreina*）多在砾石基质和岩石斜坡上茁壮成长。高大的植物，如 *Aquilegia olympica* 和 *Trollius ranunculinus*，其生长得高大与富含有机质的土壤有关，但 *Pedicularis caucasica* 在更贫瘠的岩石土壤上形成了鲜艳的色彩。

3.2.3 帕米尔地区

根据地形特点，帕米尔高原分为东西两部分，东帕米尔的地形较开阔平坦，由两条西北-东南方向的山脉和一组河谷湖盆构成，绝对高度5 000～6 000 米，相对高度不超过 1 500 米。西帕米尔则由若干条大致平行的东北-西南方向的山脉谷地构成，地形相对落差大，以高山深谷为特征。帕米尔高原是现代冰川作用的一个强大中心，这里有 1 000 多条山地冰川，覆盖面积近 1 万千米^2。雪线高度在西帕米尔为海拔 4 000～4 400 米，东部可达海拔 5 000～5 500 米。费琴科冰川长 77 千米，面积 907 千米^2，是世界上较大的山地冰川之一。山地冰川为一些荒漠河流提供水源。东帕米尔高海拔地区的牧业主要是饲养牦牛及有关杂交品种、绵羊和山羊，主要农作物有大麦、马铃薯、豆类、油菜和根菜。在西帕米尔谷地，政府指令种植棉花和其他农作物。主要粮食是小麦，冬季主要饲料为玉蜀黍。牛正在取代绵羊和山羊，成为西部谷地的主要牲畜。大果园——主要是苹果园、梨园和杏园，以及葡萄园——分布于西部许多海拔 1 524～1 981 米的谷地和丘陵。

帕米尔高原是大陆上植物区系交流的枢纽（帕米尔山结），连接南亚-中亚山脉和西伯利亚北部山脉。主要山脉是兴都库什山脉，此外有几个部分孤立的山脉，从东北向西和西南分叉。兴都库什山脉的海拔明显高于阿尔卑斯山脉、高加索山脉和伊朗山脉。因此，帕米尔高原生态条件非常多样化，这也是该地生物多样性高和植被覆盖非常多样化的原因。帕米尔高原属大陆性气候，夏季炎热，冬季寒冷。大多数地区相当干燥甚至干旱，仅在秋季、冬季或春季有降水。然而，东南面向努里斯坦的部分地区，楠格哈尔省和帕克蒂亚省（沙费德岭）受到季风影响的夏季降水量较多。在植物地理上，受喜马拉雅地形影响的地区森林茂密，而兴都库什山脉的其他大部分地区主要是开阔的树林、草原或半沙漠，通常分布有带刺的垫状植物。菊科的属和种最多。高海拔带是一些西伯利亚和北方植物的家园。

高寒草原化荒漠仅分布在帕米尔高原海拔 3 400～4 000 米的高寒山区。该区气候严寒，年降水量低于 200 毫米，极端干旱。植被以寒旱生蒿类半灌木为主，仅有蒿类半灌木、小丛禾草一个草地资源型，建群植物有高山绢蒿（*Seriphidium rhodanthum*）、驼绒藜（*Krascheninnikovia ceratoides*）、短花针茅（*Stipa breviflora*），伴生植物有棘豆等，主要用于冬春季放牧。

高寒荒漠草原主要分布在帕米尔高原海拔 3 600～3 800 米的宽谷缓坡、3 800～4 000 米的山地阴坡和 4 000～4 400 米的山地阳坡。这些地区气候寒冷且干旱，年降水量少。植被以寒旱生禾草、强旱生蒿类小半灌木为主。主要有小丛禾草，小丛禾草、蒿类半灌木，蒿类半灌木、小丛禾草三个草地资源型。

高寒草原广泛分布于帕米尔高原东北坡海拔 3 400～4 200 米区域，呈连续条带状分布，气候极端干旱，植被以寒旱生丛生禾草为主，混生有一定数量的垫状植物和高山芜原成分。

兴都库什大陆性气候是帕米尔高原植被带宽阔和雪线非常高的原因，帕米尔高原呈现出独特的森林带，有封闭的森林和受喜马拉雅地形影响的丰富植物群。然而，定居者和游牧民族数百年来的放牧、狩猎及现代化灌溉系统带来的更加集约化的农业已经导致并将继续导致该地生物多样性下降，使许多覆盖着植被的山区变为荒漠化的半沙漠。

3.2.4 环太平洋岛带

环太平洋岛带是欧亚大陆和太平洋板块移动、碰撞形成的火山带，有众多以富士山为代表的高海拔火山。海拔达到 3 000 米以上的高山有日本本州岛的富士山（海拔 3 776 米）、加里曼丹岛的京那巴鲁山（海拔 4 095 米）、苏门答腊岛的葛林芝火山（海拔 3 805 米）、爪哇岛的塞梅鲁火山（海拔 3 676 米）等。

富士山于 2013 年入选世界文化遗产名录，可称得上是一座天然植物园，山上的各种植物多达 2 000 余种，垂直分布十分明显，海拔 500 米以下是亚热带常绿林，500～2 000 米为温带落叶阔叶林，2 000～2 600 米是寒温带针叶林，2 600 米以上是高山矮曲林，山顶上还有大小不同的两个火山口，且终年有积雪。尽管在某些地方可以看到过去火山活动对植被的影响，富士山的植被分布主要反映了温度随海拔高度的梯度变化。富士山火山口由于海拔和强风的影响，仅分布有苔藓植物。

京那巴鲁国家公园于 2000 年入选世界自然遗产名录。作为马来西亚首个世界自然遗产，其以茂密的原始森林、珍贵多样的自然资源而闻名世界，被誉为东南亚植物多样性展示中心。多样的物种源自海拔和气候的复杂多样、相对独立的地理位置等，这使公园拥有令人叹为观止的自然美景。山麓、低坡为热带低地及丘陵雨林，海拔在 1 500 米以上，植被茂盛；海拔 2 150 米左右开始出现高山植物，苔藓林浓密，有猪笼草；海拔 2 650 米左右进入雾林，树干弯曲矮小；海拔 2 900～3 000 米处杜鹃与兰科植物茂盛，多针叶树种，有芹松；海拔 3 350 米为森林上限；海拔 3 650 米以上土壤贫乏，石缝中长着矮灌丛；海拔 3 810 米以上风力强劲，一般呈岩石裸露，唯向阳山坡海拔 3 950 米处还有灌木丛，分布有杜鹃和越橘等。京那巴鲁山上丛林密布，多危崖峭壁，景色独特，气候凉爽，有近千种花卉，其中绝大部分是兰花。这里有世界上最大的野生兰花，其花朵开放时对角可达 45 厘米；也有世界上最小的兰花——针头兰，花只比针头大一点；还有世界上最大的花——大王花，盛开时直径可达 1～2 米。

苏门答腊岛以盛产黄金闻名，是世界第六大岛屿、印度尼西亚第一大岛屿。苏门答腊岛西半部山地纵贯，有 90 余座火山，最高峰葛林芝火山，海拔 3 805 米。2004 年，葛林芝塞布拉国家公园被联合国教科文组织列为世界遗产。葛林芝火山非常活跃，自 1838 年记录以来多次喷发，最近一次喷发是 2020 年。葛林芝火山上的植被有苏门答腊松、南洋松、大王花、香桃木、竹、杜鹃花、兰花、棕榈树、栎树、栗树、乌木、铁木、樟树、檀香木及多种可用来制作橡胶的树种。

爪哇岛为印度尼西亚的第五大岛，全岛最高峰塞梅鲁火山海拔 3 676米，位于岛的东南部。山间多宽广盆地，许多盆地为印度尼西亚古代王国发祥地，现仍为发达的农耕地带及城镇中心。爪哇岛的植被属南亚型，但与澳大利亚型有亲缘关系，已知的植物有 5 000 多种。潮湿的山坡上分布着茂密的雨区森林，爪哇岛西部分布有浓密的竹林。森林地带有柚木、竹、西谷椰子树、榕树、蕈树。柚木是爪哇岛的主要出口资源之一。

3.3 主要高山花卉资源

菊科（Asteraceae），还阳参属（*Crepis*），多茎还阳参（*C. multicaulis*），多年生草本，生于海拔 1 640～3 600 米的山坡林下、林缘、林间空地、草地、河滩地、溪边及水边砾石地。高 8～60 厘米，根状茎短，生多数细根。茎多数簇生，极少单生，直立或弯曲。基生叶长椭圆状倒披针形、卵状倒披针形；全部叶两面及叶柄被稀疏或稠密的白色短柔毛或几无毛。头状花序 6～15 个在茎枝顶端排成圆锥状伞房花序或茎生 2 个头状花序；总苞圆柱状，长 7～9 毫米，总苞片 4 层，不等长；舌状小花，黄色，花冠管上部被白色长柔毛。花果期 5—8 月。飞蓬属（*Erigeron*），飞蓬（*E. acris*），二年生草本，分布于高加索、西伯利亚地区以及蒙古国、日本等国。高 5～60 厘米。总苞半球形，总苞片 3 层，线状披针形，绿色或紫色。雌花外层呈舌状，淡红紫色，少有白色，宽约 0.25 毫米；中央的两性花管状，黄色，长 4～5 毫米。花期 7—9 月。棉苞飞蓬（*E. eriocalyx*），多年生草本，分布于西伯利亚地区及新疆北部的高山草地。根状茎直立或斜上，颈部被暗褐色的残存叶柄，具纤维状根。茎数个，稀单生，高 5～25 厘米。叶绿色，全缘，叶柄、边缘和两面被长软毛；基部叶密集，莲座状，花期常枯萎，倒披针形。头状花序单生，少有 2～3 个排列成伞房状，长 9～14 毫米；总苞半球形，总苞片 3 层；外围的雌花舌状，2～3 层，长 7～10 毫米，舌片紫色或淡紫色，极少白色，不开展，干时内卷成管状；中央的两性花管状，黄色，长 3.5～4 毫米，圆柱形。花期 7—9 月。橐吾属（*Ligularia*），异叶橐吾（*L. heterophylla*），多年生草本，分布于伊朗、俄罗斯及新疆天山一带。茎直立，高 30～100 厘米，最上部及花序被白色蛛丝状柔毛和黄褐色有节短柔毛，下部光滑，基部直径 4～8 毫米。丛生叶未见；茎基部叶具柄，柄长 5～9 厘米，叶片椭圆形、长圆形或近圆形，长 9.5～17 厘米，宽约 105 厘米，先端钝，边缘具波状浅齿或不整齐的尖齿；茎生叶无柄，长圆形或椭圆形，向上渐小，下部者长达 17 厘米，宽至 8.5 厘米，基部半抱茎或筒状抱茎。圆锥状总状花序长约 30 厘米，稀下部分枝少而短，近似总状花序；花序梗长 2～4 毫米；头状花序多数，辐射状；舌状花（4）5～7，黄色，舌片狭长圆形或长圆形，长 7～10 毫米；管状花 10～14，略高于总苞，长 6～7 毫米，管部长约 2 毫米，冠毛白色与花冠等长。花期 6—8 月。

莎草科（Cyperaceae），薹草属（*Carex*），线叶嵩草（*C. capillifolia*），分布于哈萨克斯坦、塔吉克斯坦、吉尔吉斯斯坦、蒙古国西部、阿富汗、克什米尔地区、尼泊尔等地，生于海拔 1 800～4 800 米的山坡灌丛草甸、林边草地或湿润草地。株高 10～45 厘米，基部具栗褐色宿存叶鞘。秆密丛生。叶椭圆形或窄长圆形，膜质，褐或栗褐色，下部白色，腹面边缘分离近基部。穗状花序线状圆柱形，苞片鳞片状，具短尖。花果期 5—9 月。赤箭嵩草（*C. deasyi*），分布于尼泊尔、克什米尔地区、哈萨克斯坦、格鲁吉亚（高加索）、俄罗斯（西伯利亚）等地，生于海拔 2 500～3 500 米的山坡草地。株高 15～60 厘米，基部具褐色宿存叶鞘。秆密丛生。先出叶长圆形。圆锥花序穗状。花果期 5—9 月。

豆科（Fabaceae），棘豆属，（*Oxytropis*），雪地棘豆（*O. chiono-*

bia)，多年生草本，分布于哈萨克斯坦、乌兹别克斯坦、土库曼斯坦、吉尔吉斯斯坦和塔吉克斯坦等地，生于高山带石质山坡。高 2～6 厘米。根粗壮，根径 3～8 毫米。轮生羽状复叶长 1～3 厘米；小叶 10～12 轮，每轮 4～6 片，狭卵形、披针形。总状花序 2 花或 1 花、稀 3 花；总花梗略短于叶，或与之等长，密被开展银白色柔毛，上部混生黑色柔毛。花期 6—7 月。

唇形科（Lamiaceae），黄芩属（*Scutellaria*），*S. amphichlora*，多年生草本，主要分布于伊朗西北部和外高加索地区。茎长 5～10 厘米，茎呈弓形上升，常在基部和基部附近分枝。叶长 5～13 毫米，宽 4～8 毫米，三角形，暗绿色。花对生，交叉排列，呈四边总状花序；花梗长 2～3 毫米，结果时花梗长 7～8 毫米；花萼长 2～2.5 毫米，果期扩大至 4～4.5 毫米，绿色，浓密，有短绒毛；花冠长 20～22 毫米，黄色。*S. glechomoides*，多年生草本，分布于伊朗北部德黑兰省和马赞达兰省海拔 3 500～4 000 米的山区。茎长 1～5 厘米。叶长 8～12 毫米，宽 5～10 毫米，卵形，绿色或灰绿色。花对生，交叉排列，呈四面总状花序；苞片无梗，抱住花萼，约长于花萼的 4 倍，宽披针形，长 7～9 毫米，宽 3～4 毫米；花冠长 20～25 毫米，紫色。花期 4—6 月。

禾本科（Poaceae），冰草属（*Agropyron*），冰草（*A. cristatum*），株高 15～75 厘米，上部被柔毛。茎秆丛生。叶鞘粗糙或边缘微具毛；叶片内卷，上面叶脉隆起并密被小硬毛。穗状花序长圆形或两端稍窄，穗轴节间长 0.5～1 毫米；小穗紧密排成两行。花果期 7—9 月。针茅属（*Stipa*），紫花针茅（*S. purpurea*），分布于帕米尔东部，多生于海拔 4 500～5 000 米的沙砾地。株高 20～45 厘米，具 1～2 节，基部宿存枯叶鞘。基生叶舌端钝，长约 1 毫米；秆生叶舌状披针形，叶片纵卷如针状。圆锥花序较简单，基部常包藏于叶鞘内，小穗呈紫色；颖披针形，先端长渐尖。花果期 7—10 月。

蔷薇科（Rosaceae），委陵菜属（*Potentilla*），矮生多裂委陵菜（*P. multifida* var. *minor*），分布于伊朗、俄罗斯中亚地区及阿尔泰高山地区，生于海拔 1 300～5 000 米的高山河谷阶地、山坡草地。植株极为矮小，花茎接近地面铺散，长 3～8 厘米。基生叶有小叶（2～）3 对，连叶柄长 2.5～4 厘米，小叶裂片呈舌状带形，上面密被伏生柔毛，下面密被绒毛及长绢毛。花朵较少。花果期 5—7 月。

3.4 亚洲花卉产业概况

亚洲是世界第二大花卉市场，仅次于北美，占世界市场份额的 35%。有学者预测未来五年花卉市场 44%的增长将来自亚太地区，而中国将成为亚太地区花卉和观赏植物市场的主要创收市场，花卉种植业的增长将促进亚太地区花卉和观赏植物市场的增长。

亚洲花卉市场主要组成是日本、中国、韩国、新加坡、泰国、越南、马来西亚、印度。其中，日本是主要消费国，市场价值巨大，进口量保持上升状态，影响着其他市场的育种方向。中国本身是一个巨大的市场，花卉的产量、出口量都处于增长状态。中国台湾地区是纯出口市场，花卉主要出口到日本和欧洲各国。新加坡和中国香港地区是纯消费市场，只有进口。泰国、越南和马来西亚主要生产热带观赏植物，其中重点研发万寿菊床植项目。马来西亚是亚洲排名第二的鲜花出口国，2021 年出口额 9 050 万美元，世界排名第九。印度主要出口玫瑰和康乃馨的鲜切花。中国和印度花卉生产及消费的增加，将极大地推动亚洲花卉市场的发展。

亚洲花卉市场产品主要分为切花、盆栽和床植花卉三类。其中，主要切花有菊花、玫瑰、向日葵、百合、兰花、桔梗等，主要盆栽有兰花、一品红、观叶植物、仙客来、报春花等，床植类主要有矮牵牛、三色堇、丹参、万寿菊、长春花等。亚洲切花主要产区是中国昆明、越南大叻、马来西亚金马伦高原，产品主要用于国内消费和进出口贸易，最大的花卉品种是桔梗。床植花卉在大城市的周边都有生产，主要供本地消费。产值最高的盆栽和床植生产者是中国、日本、韩国等国家，产品主要用于景观打造和家庭花园。

(1) 日本花卉产业发展情况①②③④

日本是一个多山的岛国，四季分明，生物多样性丰富，但受季风气候、台风和降雪等的影响，自然灾害频发。特殊的地理环境激发了日本人对自然的渴望，加之在其文化传统中“花”是必不可少的元素，因此造就了日本花卉市场的独特性，其既是世界上花卉生产大国也是消费大国。在 20 世纪日本花卉产业发展历程中，有两个至关重要的节点：一是 1964 年东京奥运会的召开。运动会上许多场馆、场合使用花卉作为装饰，花卉元素的融入加深了人们对此次运动会的印象，让日本观赏园艺产业进入蓬勃发展期。二是 1990 年世界园艺博览会在日本大阪召开，将日本花卉推向全世界，极大提升了日本花卉产业在全世界的地位。在日本花卉产业发展历程中，种子公司发挥了关键作用，日本育种企业根据日本人对花卉的偏好、日本的气候特点及文化需求，培育了大量种繁切花品种，比如 1980 年培育出了花期更长、花瓣不易掉落的向日葵品种。

据统计，日本个人在花卉园林方面（包括鲜切花、盆花、种苗种子、园林树木等各类花卉园艺产品）每年消费高达 8 200 亿日元，商业需求达 2 800 亿日元。2019 年，日本切花、盆花、球根类、花坛用苗的上市量分别为 348 200 万支、20 500 万盆、7 630 万球、57 900 万苗。但 2019 年相较花卉发展鼎盛期（以 2000 年为例），切花栽培从 19 700 公顷减少为 13 800 公顷，盆花栽培从 2 154 公顷减少为 1 549 公顷，种苗种子种植从 995 公顷减少为 259 公顷，园林树木栽培从 1 691 公顷减少为 1 327 公顷，分别减少了 30%、28%、74%、22%。生产规模有所缩小，花卉产业发展有所萎缩。主要原因在于：一是日本保持供奉的家庭越来越少，人们对花卉的需求减少；二是居住环境改变，越来越多的人

---

① 坂田宏．日本花卉发展历史［J］．中国花卉园艺，2019（19）：40－41.

② 程士国，张晓军．日本花卉产业现状分析［J］．农业经济，2010（5）：88－90.

③ 孙秀，程士国．日本现代花卉冷链物流体系的构建及其启示［J］．世界农业，2020（5）：101－107，140.

④ 孙秀．简析以市场为导向的花卉产业振兴政策：以日本花卉产业为例［J］．云南科技管理，2021，34（4）：30－34.

住在空间相对狭小的高楼大厦中，迫使日本人改变了对花卉的需求；三是生活中文化产品种类越来越多，选择性也增多，更多年轻人热衷于影视、游戏等网络活动；四是人口老龄化问题突出，影响了花卉生产；五是受经济长期低迷的影响，国民实际收入减少。

日本政府和专业协会组织以市场为导向，针对花卉产业低迷的现状，采取财政支持、减免税收、创新生产经营模式、开展“育花”活动等措施。如在创新生产经营模式上，日本采取“专业农业＋兼业农户”的生产模式及“单一＋半单一复合＋复合”的经营模式，同时为农户提供各种补贴、信贷支持和技术指导。此外，从 2006 年开始，日本政府就与企业、学校开展了“育花”活动，目的是普及花卉知识，提高国民对花文化的关注。同时，日本立足花卉本身，不断创新花卉品种，以“国产花卉创新推进事业”项目为根本，推进技术研发、产品创新等；还明确了花卉观赏的保质期，开展花卉观赏的鉴定和贴标工作。

尽管日本花卉市场消费量有下降趋势，但日本仍然为亚太地区花卉市场发展最成熟，也是最重要的花卉消费国。纵观日本花卉产业，其高质量发展与现代化花卉冷链物流系统的支持息息相关，冷链物流极大促进了日本花卉产业的发展。日本花卉冷链物流系统由多个部分组成，包括种苗公司、花卉生产者、花卉批发市场、承销商、零售商、物流商。各参与主体分工协作，共同完成花卉的冷链运输。其中，种苗公司负责对花卉新品种进行培育、生产和销售。花卉生产者从种苗公司购买种子、苗、球根等进行生产。花卉批发市场从花卉生产者处购入花卉，再销售给承销商和零售商。花卉承销商是花卉销售的中间商，负责从花卉批发市场购入花卉，再销售给零售商。花卉零售商则直接将花卉销售给消费者。花卉消费者包括花店、超市、家庭、园艺中心等。其中花卉批发市场和承销商起到至关重要的作用。花卉批发市场主要开展公平交易、价格形成、商品和信息的集散、货款结算及市场综合管理等方面工作，而承销商则发挥着采购、分销、地方转运等功能。日本花卉冷链物流系统还做到了信息电子化、数据化，对生产者、出货地、花卉市场名称、商品代码等货物信息进行采集、管理、全程跟踪；并实现了交易网络化、运输集约化、装卸自动化、管理智能化、服务个性化。

（2）伊朗花卉产业发展情况

伊朗居亚洲西部，属于中东国家，位于北温带的南半部，是一个高原与山地相间的国家。全国约 1/4 是沙漠。气候类型多样，最典型的是干旱和半干旱气候；在气温方面，夏季炎热，冬季寒冷，温差较大。多样的气候、众多的山脉及湖泊、河流等为伊朗花卉创造了多样的生存环境，这里是郁金香、水仙、风信子等花卉的原产地。春天，在伊朗的山脉和平原上有鸢尾、百合等野生花卉竞相开放，成为一道亮丽的风景。

伊斯兰革命之前，伊朗花卉产业已处于蓬勃发展期，1979 年伊斯兰革命之后，观赏植物随之被禁止出口到伊朗，伊朗的花卉贸易直线下跌，但伊朗推行的“抵抗型经济”在一定程度上提振了国内切花和盆栽的生产，包括种苗生产完全使用自己生产的扦插苗。目前，伊朗的花卉产业主要分布在西部和西北部，这与自然环境、花卉消费市场等因素息息相关。大田种植的鲜切花主要集中在马赞德兰、中央、德黑兰、库尔德斯坦、法尔斯、厄尔布尔士等省份，主要产品有剑兰、玫瑰、晚香玉、菊花、康乃馨、松树、柏树及近年来新兴的盆栽菊花、丝兰、小叶垂榕等。目前，伊朗约有 10 000 个花卉植物苗圃，室外生产面积大约 3 500公顷，保护地生产面积约 2 200 公顷。其中，鲜切花的生产面积最大，其次为盆栽植物。生产的花卉产品 98%在国内市场销售，只有 2%出口到其他国家。[①]

尽管伊朗花卉产业在近年来有了较大的发展，但仍然存在很多问题。从花卉生产管理来看，伊朗花卉新品种培育工作滞后，引进品种数量少，多数品种来自本国；设施化栽培范围较小，几乎所有花卉公司都是种植面积在 3 000～5 000 米^2 的小型企业。从花卉销售来看，伊朗花卉产业很少涉及出口，国内市场竞争激烈，这使花卉产品的销售价格随之降低，很多花卉企业获得的利润较低；花卉产业也面临出口瓶颈，很少有大型的花卉企业，且企业缺乏相关的花卉知识及经验，没有成熟的

① 心怡．聚焦伊朗花卉业 [J]. 中国花卉园艺，2016（19）：60－62.

花卉销售系统。从花卉运输来看，伊朗冷链物流运输系统还不完善，目前伊朗花卉运输成本并不高，大约不到总成本的10%，但这种情况下很难保证花卉产品的质量，运输途中损耗率较高。[①]

未来，伊朗花卉市场仍具有较大的潜力。一方面，伊朗政府在积极推动花卉产业发展，输送园艺师到欧洲、美国、新西兰等地进行学习，将园艺与科学有机结合起来，在栽培、管理等方面不断创新。[②] 同时，伊朗政府不断强调生物控制和病虫害综合防治，不断向环境友好型种植方向发展，并推进设施栽培以缓解缺水情况。另一方面，花卉消费市场仍然有较大的潜力，伊朗一些特殊的节假日花卉需求强劲；与伊朗相邻的周边国家，如阿塞拜疆、阿富汗、沙特阿拉伯等国都是花卉消费量上升的国家。

---

① 薛芳．伊朗：中东的花卉之国［J］．中国花卉园艺，2007（13）：51.

② Esmaeil Fallahi. Horticulturein Iran Can Bean Alternativeto Petroleumand a Major Source of International Business with Unique Potential and Challenges［J］. Hortscience，2017，52（9）：1145－1147.

4　欧洲高山花卉*

4.1　欧洲基本地理情况

欧洲位于亚洲的西面，是亚欧大陆的一部分。其北、西、南三面分别濒临北冰洋、大西洋、地中海和黑海，东部和东南部与亚洲毗连，宛如亚欧大陆向西突出的一个大半岛。欧洲的大部分位于北温带内，它是世界上有人定居的各洲中距离赤道最远的一洲。欧洲四个极点的位置分别是：最东为北乌拉尔（东经 66°10′），最西为伊比利亚半岛上的罗卡角（西经 9°31′），最北为斯堪的纳维亚半岛上的诺尔辰角（北纬 71°8′），最南为伊比利亚半岛上的马罗基角（北纬 36°）。[①] 欧洲大陆海岸线长 37 900千米，是世界上海岸线最曲折复杂的一个洲，多半岛、岛屿、港湾和深化大陆的内海。欧洲地形总的特点是以平原为主，冰川地貌分布较广，高山峻岭汇集在南部。海拔 200 米以上的高原、丘陵和山地约占全洲面积的 40%，海拔 200 米以下的平原约占全洲面积的 60%。全洲平均海拔 300 米，是世界上平均海拔最低的洲。

阿尔卑斯山脉横亘欧洲南部，是欧洲最高大的山脉，平均海拔 3 000 米左右，山势宏伟，许多山峰终年白雪皑皑，山谷冰川发育，主峰勃朗峰海拔 4 805.59 米。阿尔卑斯山脉的主干向东伸展为喀尔巴阡山脉，向东南延伸为迪纳拉山脉，向南延伸为亚平宁山脉，向西南延伸为比利牛斯山脉。东部欧、亚两洲交界处有乌拉尔山脉。东南部高加索山脉的主峰厄尔布鲁士山海拔 5 642 米，为欧洲最高峰。欧洲北部有斯

---

* 撰稿人：李忻蔚，莫楠。

① 吴倩华．欧洲地理信息评估报告［M］．杭州：浙江大学出版社，2011.

堪的纳维亚山脉。平原和丘陵主要分布在欧洲东部和中部，主要有东欧平原（又称俄罗斯平原，面积约占全洲的一半）、波德平原（又称中欧平原）和西欧平原。里海北部沿岸低地海拔在海平面以下 28 米，为全洲最低点。南欧和北欧的冰岛多火山，地震频发。欧洲河网比较稠密，河流多短小而水量充沛，不少河流间有运河相连接。河流大多发源于欧洲中部，分别流入大西洋、北冰洋、里海、黑海和地中海。欧洲最长的河流是伏尔加河，全长 3 692 千米。多瑙河为第二大河，全长 2 850 千米。欧洲是一个多小湖群的大陆，湖泊多为冰川作用形成。阿尔卑斯山麓地带分布着许多较大的冰碛湖和构造湖，山地河流多流经湖泊，湖泊地区如日内瓦湖区为著名的游览地。

欧洲大部分地区地处北温带，气候温和潮湿。西部大西洋沿岸夏季凉爽，冬季温和，多雨雾，是典型的海洋性温带阔叶林气候。东部因远离海洋，属大陆性温带阔叶林气候。东欧平原北部属温带针叶林气候。北冰洋沿岸地区冬季严寒，夏季凉爽而短促，属寒带苔原气候。南部地中海沿岸地区冬暖多雨，夏热干燥，属亚热带地中海式气候。

4.2 主要山脉

欧洲主要山脉有斯堪的纳维亚山脉、阿尔卑斯山脉（包括比利牛斯山脉、亚平宁山脉、喀尔巴阡山脉）、乌拉尔山脉、高加索山脉。下面举例介绍阿尔卑斯山脉。

阿尔卑斯山脉是欧洲最高大的山脉，位于欧洲南部，西起法国东南部，经意大利北部、瑞士南部、列支敦士登、德国南部，东至奥地利和斯洛文尼亚，主要分布在瑞士和奥地利境内，呈东西弧形延伸，直线长约 1 200 千米，宽 130～260 千米，总面积约 20.7 万千米^2。其中有 82 座海拔超过 4 000 米的山峰。勃朗峰是阿尔卑斯山脉的最高峰，为欧洲仅次于高加索山脉主峰厄尔布鲁士山的第二高峰。阿尔卑斯山脉是欧洲最重要的山地之一，地处温带和亚热带之间，是中欧温带大陆性湿润气候和南欧亚热带夏干气候（地中海气候）的分界线，气候同时具有明显的垂直变化特征。山地植被因此呈现明显的垂直地带性，自下而上可分为亚热带常绿硬叶林带（山脉南坡 800 米以下）、针阔混交林带（800～2 200米）、高山草甸带（2 200～3 200 米）、裸岩和终年积雪带（3 200 米以上）。受山体效应影响，阿尔卑斯山脉林线一般在海拔 1 800～2 200 米，最高可达 2 400 米。[①] 高峰全年寒冷，海拔 2 000 米处年平均气温为 0 ℃。山地年降水量一般为 1 200～2 000 毫米，但因地而异。海拔 3 000 米左右为最大降水带。高山区年降水量超过 2 500 毫米，背风坡山间谷地年降水量只有 750 毫米。

4.3 主要高山花卉资源

阿尔卑斯山脉由于分布地域和海拔涵盖范围较广，山脉上几乎囊括了所有栖息环境，演化出了丰富的物种。3 000 米以上的高海拔地区植物虽然稀少，但却演化出了独一无二的高山植物群。其中不少种类的拉丁学名以“alpin -”（即阿尔卑斯山脉）为词根命名。本部分根据克里斯托弗·格雷-威尔森（Christopher Grey - Wilson）所著《欧洲花卉：不列颠及西北欧 500 多种野花的彩色图鉴》[②] 中原产于欧洲的 500 余种花卉资料，以及《世界植物在线》（*Plants of the World Online*）[③]、“植物智”植物智慧信息系统[④]提供的植物译名及相关信息，对欧洲高山花卉进行如下梳理。

菊科（Asteraceae），蝶须属（*Antennaria*），蝶须（*A. dioica*），多年生草本。除北部偏远地区外的欧洲大部分地区均有分布。生于山地草

① 姚永慧，索南东主，张一驰．阿尔卑斯山山体效应及其对林线的影响分析［J］．地理科学进展，2021，40（8）：1397 - 1405.

② 克里斯托弗·格雷-威尔森．欧洲花卉：不列颠及西北欧 500 多种野花的彩色图鉴［M］．俞鸣铗译，北京：中国友谊出版公司，2008.

③ 《世界植物在线》（*Plants of the World Online*），网址：https://powo.science.kew.org/.

④ “植物智”是基于《中国植物志》、中国植物图像库、花伴侣智能识别体系整合打造的植物智慧信息系统，提供植物物种百科、图片、分布、识别、App 等相关信息和工具。网址 http://www.iplant.cn/.

场和草地、荒野、沼泽和岩石山坡，多见于海拔 3 000 米左右的富含有机质或钙质的土壤中。高 8～20 厘米，低矮丛生，呈席状，具铺展、纤长、分枝的匍匐枝。茎和叶背被白棉毛。叶互生，卵形至铲形，全缘，先端常缺刻；基生叶形成基生莲座状叶丛。黄色花头，直径 6～12 毫米，多达 8 朵花形成花簇，雌雄异株，雄性花具白色花苞片，雌性花则为粉色花苞片。小瘦果被冠毛。花期 5—7 月。羊菊属（*Arnica*），羊菊（*A. montana*），多年生草本，广泛分布于欧洲大部分地区，主要生长在海拔 3 000 米左右的高山草甸上。高 18～60 厘米，5 厘米的头状花序由中心的橙黄色圆盘小花组成，外部由 10～15 朵黄色舌状花组成。花期 5—8 月。火绒草属（*Leontopodium*），火绒草（*L. leontopodioides*），多年生草本，常生于海拔 100～3 200 米的干旱草原、黄土坡地、砾石地、山区草地，稀生于湿润地。地下茎粗壮，为短叶鞘包裹。茎直立，高5～45 厘米，被长柔毛或绢状毛。叶直立，条形或条状披针形，无鞘，无柄，两面被白色密棉毛。苞叶少数，矩圆形或条形，两面被白色或灰白色厚毛。头状花序大，3～7 个密集；总苞半球形，被白色棉毛。瘦果有乳头状突起或密粗毛。花果期 7—10 月。*L. nivale*，分布于阿尔卑斯山脉、比利牛斯山脉和亚平宁山脉海拔 1 800～3 400 米的石灰岩山上。高 3～20 厘米，叶、花覆盖白色绒毛，每朵花由 5～6 朵黄色簇状小穗花（约 5 毫米）组成，周围环绕白色苞片。花期 7—9 月。

紫草科（Boraginaceae），勿忘草属（*Myosotis*），勿忘草（*M. alpestris*），多年生草本。生于英国北部、法国和德国的潮湿森林及海拔 700～2 800 米的草场。茎直立，高 20～45 厘米，通常具分枝，被糙毛。花萼被银毛，花冠为明亮天蓝色。小坚果卵圆形。花果期 6—8 月。

桔梗科（Campanulaceae），风铃草属（*Campanula*），圆叶风铃草（*C. rotundifolia*），多年生草本。除北部偏远地区外的欧洲区域均有分布。生于草地、荒野、开阔高地，多见于海拔 2 200 米左右的酸性或钙质土壤中。高 20～50 厘米，品种较多，无毛或被疏毛，匍匐茎，常形成片状丛生。茎细弱，直立向上，被切割时会分泌白色乳液。基生叶圆形至卵形或披针形，锯齿叶缘，具柄。圆锥花序，花较少，花浅蓝色至鲜蓝色，有时白色，长 12～20 厘米；花萼裂线状，铺展。蒴果悬垂。花期 7—9 月。

石竹科（Caryophyllaceae），无心菜属（*Arenaria*），无心菜（*A. serpyllifolia*），一年生草本。广泛分布于除北部偏远地区以外的整个欧洲区域。常见于干燥、裸露的沙地、田野和丘陵，可生于低海拔及海拔 3 500 米以上的高海拔地区。高 10～30 厘米，匍匐生长，丛生，被粗毛，通常带灰色。茎细长，多枝。叶长 2.8～8 毫米，宽椭圆形或披针形等，尖角，叶脉 3～5。花白色，伞状花序铺展，花径 5～8 毫米，花瓣无缺刻，花萼尖。蒴果稍长于宿存花萼。花期 4—9 月。卷耳属（*Cerastium*），原野卷耳（*C. arvense*），多年生草本。除欧洲北部偏远地区、英国和爱尔兰西部地区以外的欧洲区域均有分布。生于开阔地带、草地、路边及海拔 3 100 米左右的高海拔地区。高 5～30 厘米，品种多样，被疏毛。茎铺展，常成簇。叶长 10～30 毫米，狭窄披针形，尖端钝平。苞片边缘膜质，被毛，花白色，花径 12～20 毫米，成聚伞花序。花期 4—8 月。蝇子草属（*Silene*），无茎蝇子草（*S. acaulis*），多年生草本。生于山地岩石、岩屑堆、高山草地。高 3～8 厘米，低矮，成片状或毡状，极似苔藓。叶小，鲜绿色，对生，密集丛生，具短叶柄。花浅红色或深红色，单生，花径 6～10 毫米，细短花柄；花萼钟形，红色或紫色；花蕊突出，一直延伸到花唇下。小蒴果内有许多小种子。花期 6—8 月。繁缕属（*Stellaria*），繁缕花（*S. holostea*），多年生草本。广泛分布于除北部偏远地区以外的整个欧洲区域。常见于草地、田埂、林地边缘等。高 30～60 厘米，茎蔓生，多分枝，铺展或向上伸长。叶子狭长，披针状，全缘，多无叶柄。花径 18～30 毫米，形成松散花簇，花瓣长于花萼。蒴果分裂成 6 齿。花期 4—6 月。

半日花科（Cistaceae），半日花属（*Helianthemum*），金钱半日花（*H. nummularium*），亚灌木，可变常绿植物。除北部偏远地区外的欧洲大部分地区均有分布。生于草地、堤岸和岩石地带，喜海拔 2 800 米左右的钙质土壤。茎纤长，可达 50 厘米，匍匐向上。叶椭圆形至矩圆形，上绿下白且被毛，全缘；短叶柄基处见小托叶。花亮黄色，有时乳色或橙色，多达 12 朵花形成总状花序。小蒴果具众多种子。花期 6—9 月。

杜鹃花科（Ericaceae），熊果属（*Arctostaphylos*），熊果（*A. uva-ursi*），匍匐性小型灌木。由冰岛及挪威的北开普，往南至西班牙南部（内华达山脉）、意大利中部（亚平宁山脉）和希腊北部（品都斯山脉）均有分布。生于开阔林地、沼泽和荒野，常见于贫瘠的泥煤质酸性土壤中。高 10～30 厘米，铺展的常绿植物。叶卵形，中部以上通常最大，墨绿色，革质，全缘。花白中带绿至浅红色，铃铛状，花长 5～6 毫米，形成顶生小花簇。浆果直径 6～8 毫米。花期 7—9 月。杜鹃花属（*Rhododendron*），欧洲杜鹃（*R. ferrugineum*），常绿灌木。可耐－26 ℃低温，分布于阿尔卑斯山脉、比利牛斯山脉、侏罗山脉和亚平宁山脉北部（包括安道尔、奥地利、法国、德国、意大利、西班牙和瑞士等国）。多生于酸性土壤中。株高约 1 米，钟形花簇。叶子下覆盖着锈褐色斑点。花期夏季。越橘属（*Vaccinium*），越橘（*V. vitis-idaea*），铺展向上或匍匐，常绿亚灌木。除英国南部大部分地区和法国低地外，欧洲其他地区均有分布。生于沼泽、荒野、苔原和开阔松林，常见于低地及山地，尤其是贫瘠酸性的泥煤质土壤中。高 30～70 厘米，常形成壮观的植物群落，幼茎被细毛。互生叶矩圆形，通常中部以上最宽，叶缘向下折转，全缘或微齿。花白色或浅红色，铃铛状，花长 5～8 毫米，花冠尖裂。成熟浆果红色，直径 5～10 毫米。花期 6—8 月。

豆科（Fabaceae），车轴草属（*Trifolium*），红车轴草（*T. pratense*），多年生草本。除北部偏远地区及冰岛外的欧洲大部分地区均有分布，大部分被作为饲料作物广泛种植，也常被引种移植。生于草地、高低不平的荒地、路边、低地和海拔 3 150 米左右的山地。丛生，被毛，高 20～60 厘米，茎铺展至直立。三出复叶，具卵形或椭圆形小叶；三角形托叶具宽叶基。头状花序紧密，花紫红色或淡红色，长 12～15 毫米。荚果有粗厚的边缘，大部分包于宿萼中。花期 5—9 月。

龙胆科（Gentianaceae），龙胆属（*Gentiana*），*G. bavarica*，多年生草本。分布于阿尔卑斯山脉海拔 1 300～3 600 米的潮湿草原。高 5～

15 厘米，叶呈匙形，长 1 厘米。花呈深蓝色，长 1～2 厘米，具有宽阔的裂片。花期 7—8 月。春龙胆（*G. verna*），多年生草本。苏格兰北部、爱尔兰西部、法国中部和东部、德国南部均有分布。生于山地岩石和草场，常见于稳定的钙质丘陵中。高 1～7.5 厘米，丛生或片状丛生。茎极短，直立。通常仅 1～2 对叶子，成对出现，亮绿色，卵形至披针形，全缘，短柄或无柄。花鲜蓝色，罕见白色，花径 12～18 毫米，单生，碟状；花冠浅裂 5，花柱和管状花萼之间具有小裂 5。花期 4—6 月。

鸢尾科（Iridaceae），番红花属（*Crocus*），春番红花（*C. vernus*），分布于欧洲大部分地区。喜冷凉湿润和半阴环境，较耐寒，宜排水良好、腐殖质丰富的沙壤土，可生于海拔 2 500 米左右的高海拔地区。[①] 地下球茎呈圆球形，球茎夏秋季休眠，冬季发根、萌叶。叶片宽 6 毫米，边缘反卷，中央带白色，背面有白粉。花先开放，后叶片长出。花被裂片披针形，喉部有毛，花药黄色，花丝很长，雄蕊花柱 3 裂，橙黄色。花期 2—4 月。

唇形科（Lamiaceae），野芝麻属（*Lamium*），短柄野芝麻（*L. album*），多年生草本。除北部偏远地区外的欧洲大部分地区均有分布。生于海拔 2 300 米左右的草地、粗糙地面、耕地、开阔林地、路边和农场。株高 20～50 厘米，形态粗壮，片状丛生，微香，被毛。长匐枝结实，铺展，生根。生长茎铺展，但花茎大多直立。双生叶卵形至心形，先端尖；上方叶短柄或几无柄。轮生花序密实，花双唇瓣，花长 18～25 毫米；花萼筒朝基部弯曲，罩状上唇瓣被密毛。花期 4—11 月。

车前科（Plantaginaceae），狐地黄属（*Erinus*），狐地黄（*E. alpinus*），多年生草本。分布于法国和德国的山地，英国北部有移植引种。生于海拔 2 400 米左右的区域。从生，被毛。株高 5～18 厘米。叶丛莲座状，花茎带叶。基生叶矩圆形，粗齿叶缘，具柄；上方叶较小且无柄。花紫色、粉紫色，罕见白色，花径 6～9 毫米，花簇随蒴果的发育延伸。蒴果含许多种子。花期 5—10 月。

---

① http：//encyclopaedia. alpinegardensociety. net/plants/Crocus/vernus＃top.

蓼科（Polygonaceae），草本稀灌木或小乔木。茎直立、平卧、攀援或缠绕，通常具膨大的节，稀膝曲，具沟槽或条棱，有时中空。叶通常呈现两两互生及长针状，有柄。花朵通常长成穗状。瘦果卵形或椭圆形，包于宿存花被内或外露；胚直立或弯曲，通常偏于一侧，胚乳丰富，粉末状。山蓼属（*Oxyria*），山蓼（*O. digyna*），多年生草本。分布于除英格兰中南部以外区域的欧洲高山上，喜潮湿的高山岩石环境，尤其喜欢生长在海拔 1 700～4 900 米的河流边的花岗岩上。无毛，高 10～30 厘米，茎直立，单生或丛生，几无分支。基生叶肾形或圆肾形，长 1.5～3 厘米，宽 2～5 厘米，先端圆钝，基部宽心形，近全缘，具纤长叶柄。花绿色，形成分枝的总状花序，且随果实的发育而变长；萼状花瓣 4，里面的 2 花瓣随果实的发育而变大；雄蕊 6。翅状瘦果。花期 6—8 月。萹蓄属（*Polygonum*），萹蓄（*P. aviculare*），一年生草本。广泛分布于全世界，主要分布在北温带，整个欧洲均有分布。海拔10～4 200 米均能生长，主要生于裸露的、废弃的耕田、路边和海岸边。高 10～70 厘米，品种多样。茎直立，铺展，有时攀爬，具分枝。叶长 50 毫米以上，披针形或椭圆形，叶基狭窄，全缘，光滑无毛；主茎上的叶子比侧枝上的叶子大许多；叶基处托叶叶鞘具有细微网纹，叶缘相当粗糙。开白、粉红或绿色等小花，单生，形成小花簇，每朵花具雄蕊 8。瘦果细小，具暗色纹孔。花期 5—7 月。

报春花科（Primulaceae），报春花属（*Primula*），粉报春（*P. farinosa*），多年生草本。英格兰、苏格兰南部、欧洲大陆北至丹麦和瑞典南部均有分布。生于草地的潮湿地带、泥煤质或石质土壤中，可见于海拔 3 000 米左右的山地。高 7～15 厘米，植株细小，基生莲座叶丛 1 或若干，无叶花茎带白色。叶椭圆形至近勺状，叶缘被细密锯齿或无齿。花径 8～16 毫米，紫色或浅紫色，有时白色，花冠 5 缺刻，下方交会在一起形成细长的花冠筒。花期 5—8 月。

虎耳草科（Saxifragaceae），虎耳草属（*Saxifraga*），黄花虎耳草（*S. aizoides*），多年生草本。分布于欧洲塔特拉山脉、阿尔卑斯山脉和斯瓦尔巴群岛等地，生于潮湿的山地岩石、溪边。高 10～25 厘米，丛生，被疏毛，带叶植株，枝条铺展向上。叶线形至狭窄椭圆形，叶缘具细小的间隔锯齿。花黄色至橙色，花径 5～10 毫米，花瓣通常具有红斑。蒴果 2 裂。花期 6—9 月。粒牙虎耳草（*S. granulata*），多年生草本。除北部偏远地区及冰岛外的欧洲大部分地区均有分布，喜排水性能良好的中性或钙质土壤，可生于高海拔地区。高 20～50 厘米，被毛。大多基生莲座叶丛，钝裂叶，叶片外呈圆形，基部肾状。花白色，花茎 18～30 毫米。小蒴果 2 裂。花期 4—6 月。

瑞香科（Thymelaeaceae），瑞香属（*Daphne*），二月瑞香（*D. mezereum*），落叶灌木。除北部偏远地区外的欧洲大陆均有分布。但随着土地的不断开发，这种植物日渐稀少。生于林地、灌木丛、钙质草场及海拔 2 600 米左右的高地，在山区更为矮小，但更铺展。坚韧，分枝，剧毒，高 50～200 厘米。灰褐色枝条直立铺展，幼枝被毛。叶矩圆形至披针形，全缘，短柄。花粉紫色，沿枝条先叶而开，花味芳香，4 花瓣下方联结形成一短筒状。果实为椭圆形浆果，较小。花期 2—5 月。

4.4 资源保护与利用

4.4.1 资源保护与利用概况

欧洲国家十分重视野生生物种质资源的收集和保护，在欧盟第六框架计划的支持下，欧盟成员国的 29 个种子库联合成立欧洲本土种子保护网络（ENSCONET），收集保存欧盟地区的 11 515 种 63 582 份野生植物种质资源，包括该地区 75%的农作物野生近缘种。①

欧洲的种子库中，以英国皇家植物园（Royal Botanic Gardens）2000 年建成的基尤千年种子库最著名。截至 2021 年，该种子库已在全球范围内收集 39 681 种野生植物种子，是全球保存物种数量最多的野生植物种子库，并且牵头开展全球农作物野生近缘种的收集保存工作。

① 佚名．收集保存野生生物种质资源，国外怎么做 [N]. 光明日报，2021-07-31 (9).

基尤千年种子库在各地采集地方独有和有经济价值的植物种子，重点关注濒临灭绝的野生植物并开展科学研究。建于1759年的英国皇家植物园是世界上最著名的植物园之一，也是植物分类学研究中心。英国皇家植物园起初只有3.5公顷，经过200多年的发展，已扩建成为占地面积超过300公顷（主园+卫星园）的规模宏大的皇家植物园，园内收录了约5万种植物，是全世界已知植物种类的1/8，拥有几个世纪以来英国皇室收集的世界各地珍稀植物，园内有26个专业花园及高山植物温室等数十座温室。

除专业的种子库外，欧洲高山花卉的物种资源还散布于各行业协会、种子企业等组织机构，这些机构对收集和保护这些物种资源发挥了重要的补充作用。例如：

英格兰高山花园协会[①]，成立于1929年，是世界上最大的专业园林协会之一，主要关注世界各地高山和山地植物的种植，参与野外高山植物的研究和保护。该协会收集了丰富的高山植物资源，包括各物种的具体档案和栽培指南，为高山植物爱好者和专业研究者提供种子销售及种子交换服务，是世界上最大的种子交换机构之一。同时，该协会还提供高山植物百科全书的在线查阅功能，收录了数千种高山植物的详细信息。

德国沃尔特·默塞尔基金会北极-高山花园，建于1956年，主要种植世界上寒带到温带地区的植物，有4 000多种植物。主要包括杜鹃花科（Ericaceae）、蕨类（Pteridophyta）、虎耳草科（Saxifragaceae），以及来自喜马拉雅山脉、高加索山脉、阿尔卑斯山脉和欧洲低山山脉的植物。花园里收集的种子通过国际种子交换提供给世界各地的许多花园。[②]

奥地利菲拉赫高山花园位于多布拉奇山，是盖尔塔尔阿尔卑斯山脉的最东端山麓。花园于1973年建成开放，主要展示南阿尔卑斯山石灰植物群的山地和高山花卉，800多种植物根据其生态隶属关系被分配在

① 协会网站：https://www.alpinegardensociety.net/the-society/.

② 佚名.德国沃尔特·默塞尔基金会北极-高山花园［EB/OL］.放眼园艺网，(2021-09-24)［2022-11-27］.https://www.gardeningeye.com/14936/.

25 个不同的区域，花园总面积超过 10 000 $米^2$。[①]

其他对高山花卉进行收集和保护的企业及机构还有瑞士埃施曼高山植物苗圃，成立于 1946 年，种植高山和岩石花园植物；德国桑德曼高山植物园（Botanischen Alpengarten Sündermann）是高山和岩石花园植物专业苗圃，于 1886 年创立，收集了来自五大洲的大量高山植物；德国彼得斯的苗圃（Staudengärtnerei Peters - Allerlei Seltenes），成立于 1924 年，尽管规模小，但种植有各种各样的虎耳草、龙胆、海葵、风信子、紫罗兰及其他高山植物。

4.4.2 欧洲高山花卉产业

欧洲不仅是世界高山花卉资源分布、收集和保护的重要地区，也是全球花卉资源开发和商业化应用最具创新性和活力的地区之一，这与欧洲花卉产业的良性发展密不可分。欧洲既是全球主要的花卉供应市场，也是重要的花卉消费市场。据统计，2021 年欧洲国家切花出口额 64 亿美元，占全球总额的 57.9%。荷兰花卉出口额高达 57.26 亿美元，居全球第一，是第二名哥伦比亚出口额的 3 倍还多，在 2021 年的国际切花进出口贸易中，荷兰是顺差最高的国家。[②] 欧洲同时也是世界重要的花卉消费市场，年均鲜花消费规模在 90 亿美元以上，其中，德国是欧洲鲜花消费量最大的国家，年均花卉消费量达 30 亿美元。基于庞大的花卉供应和消费市场，欧洲对其高山花卉资源进行了较好的开发和利用，主要体现在园艺栽培性状创新与改良、美容护肤和药用价值开发与利用等方面。

(1) 特色产业

1）火绒草。火绒草（*L. leontopodioides*），又名雪绒花，是菊科、火绒草属多年生草本植物，原产欧洲高海拔地区，是欧洲著名的高山花

① 佚名．奥地利菲拉赫高山花园［EB/OL］．放眼园艺网，(2021 - 10 - 07)［2022 - 11 - 27］．https：//www.gardeningeye.com/14963/.

② 依杨．加拿大数据专家发布 2021 全球切花出口贸易分析［J］．中国花卉园艺，2023 (4)：74 - 76.

卉之一，被誉为阿尔卑斯山的名花，是瑞士和奥地利两国的国花。火绒草资源的开发利用主要体现在美容护肤和药用两个方面。科学家已在火绒草中分离和鉴定出咖啡酸、香草酸、原儿茶醛、反式桂皮酸、β-谷甾醇和阿魏酸等多种化学成分。其中前三种成分经药理实验已被证明具有抗炎作用，是治疗急、慢性肾炎的主要有效成分。① 火绒草提取物已用于治疗腹部疾病、心绞痛、心脏病、支气管炎、腹泻、痢疾、发热、肺炎、风湿性疼痛、扁桃体炎等。火绒草还有显著的抗氧化活性，不仅可用于防治各种氧化应激的相关疾病，如冠心病、动脉粥样硬化、癌症、神经退行性疾病等②，还被用于化妆品的工业生产，如抗衰老和防晒等产品。③ 法国欧莱雅集团旗下兰蔻的“素颜紧致”系列、赫莲娜的“至美琉光恒采”系列等护肤品牌的系列产品，都使用了高纯度的雪绒花萃取物作为主要功效成分。目前，人们从自然环境中大量收集野生火绒草以满足各种需要，火绒草的数量大大减少，野生资源匮乏，许多国家已禁止采集野生火绒草。为了保护野生资源，瑞士大量人工种植火绒草。此外，火绒草可通过组织培养技术繁殖，可采用人工培育的方法，为药学及商业用途开发利用提供火绒草原料。④

2）风铃草。风铃草（*C. medium*）原产欧洲南部，因其花朵钟状似风铃而得名，风铃草花色明丽素雅，在欧洲十分盛行。风铃草品种众多，有近300个品种，经过长期的品种选育和基因改良，已经培育出许多适用于园艺栽培的观赏种，是欧洲庭园中常见的草本花卉。德国的班纳利公司是一家有200多年历史的家族企业，主要从事花卉种子的研发和销售，十分重视新品种的开发。在对高山花卉资源的开发利用中，班

① 伍义行，王建国，谢家声，等．火绒草的研究进展［J］．中草药，2000（1）：66-68.

② 唐馨，展锐，谢海辉，等．火绒草属植物的化学成分和药理活性［J］．中华中医药学刊，2021，39（9）：95-99.

③ Schwaiger S，Cervellati R，Seger C，et al. Leontopodic acid-A novel highly substituted glucaric acid derivative from Edelweiss（*Leontopodium alpinum* Cass.）and its antioxidative and DNA protecting properties［J］. Tetrahedron，2005，61（19）：4621-4630.

④ Trejgell A，Tretyn A. Micropropagation in *in vitro* culture efficiency of selected protected species Asteraceae［J］. Biotechnologia，2010，3：202-209.

纳利公司重点对高山花卉的花形、颜色、花期等方面性状加以改良，使之更加符合市场化“新、奇、特”的需求，选育出许多商业品种。例如，该公司研发出风铃草“阿尔卑斯微风”新品种，有蓝色和白色两种颜色，该品种具有蓝色鲜艳浓郁、白色纯白如雪的特点，具有较好的户外耐寒性，花期明显早于其他风铃草品种，并能在整个夏天持续开放。

3）勿忘草。勿忘草（*M. alpestris*），又名勿忘我，为紫草目、紫草科、勿忘草属多年生草本植物，原产欧洲和亚洲北部，生于海拔 200～4 200 米的地区，多见于山地林缘、山坡、林下及山谷草地。勿忘草经过多年的品种选育，植株小巧秀丽、环境适应性强等性状更加稳定和突出，被广泛应用于欧洲的园林绿化和家庭栽培，特别是用于布置春季或初夏时节的花坛、花境，或与球根花卉配植以提高观赏效果。班纳利公司针对勿忘草研发了开花最早、蓝色适中且不变色的新品种，取得了较好的商业价值。

4）春番红花。春番红花（*C. vernus*）与藏红花同为鸢尾科、番红花属多年生球根植物，但二者在资源的开发利用上却存在较大差异。与藏红花的药用功效不同，春番红花的多数品种虽然带有嫩黄的花蕊及厚重的花粉，但是红色的花丝并不明显，因此以观赏价值开发为主。春番红花具有花色丰富、耐低温、适宜盆栽等特点，有紫色、白色、黄色、复色条纹、渐变等多种花色。目前，园艺观赏品种多从荷兰引进，如花色丰富且有蓝色花纹的“匠克威克”，花色纯白淡雅的“珍妮”，浓郁紫蓝色、高雅神秘的“花仙子”等。

（2）产业化发展的经验模式

1）注重行业开放与合作。欧洲花卉行业最大的协会组织之一是欧洲花卉组织（Fleuroselect），成立于 1970 年，该组织除欧洲成员外，还有来自日本、俄罗斯、美国、泰国和中国的成员，共有 75 个盆栽和花坛花植物育种者、生产者和经销商[①]，已经发展成为观赏植物行业内

① 华新．欧洲花卉组织及欧洲花卉新品种选拔：访德国班纳利种子有限公司中国市场负责人朱朝伟［J］．中国花卉园艺，2020（21）：24－25．

具有较大影响力的国际组织。该组织最重要的活动之一就是每年选拔欧洲花卉新品种，来自世界各地的花卉育种企业及植物创新育种专家展示取得育种突破的新品种，还有来自全球众多的花卉零售商和批发商参观花卉新品种的展示。每年都有一部分高山花卉新品种亮相欧洲花卉新品种选拔比赛。例如，波斯菊新品种“Xanthos”、百日草新品种“Belize Double Scarle”和“Profusion Red Yellow Bicolor”等，因其在育种上的新突破，在创新、观赏性和园艺表现上取得的优异成绩，获得了欧洲花卉新品种选育金奖。目前，该活动成为欧洲乃至世界育种公司花卉植物优新品种认定和市场化推广应用的重要平台，可以说，合作与开放已经成为欧洲花卉市场成功的关键。[①]

2）注重市场需求为导向的优新品种开发。欧洲的花卉产业发展主要以大型的家族企业为支撑，企业作为市场主体，在资源开发利用上具备天生、自发的市场导向性。这些企业通常会聘用育种专职人员开展杂交等工作，根据花卉消费市场的新趋势、新需求，不断研发相应的花卉新品种，十分重视对品种的生长表现、均匀度、繁花度、花期和抗性等方面进行技术改良，以及品种在景观用途、花坛用途、插花寿命等方面的商业价值，并将其作为企业持续稳定经营的基础，以保证花卉生产的稳定来源和市场竞争力。例如，高山花卉新品种“Xanthos”波斯菊具有株形矮、花期早、花期集中、适合盆栽等优良的园艺特性[②]；“Belize Double Scarle”百日草在分枝能力、株型保持等方面的性状得到改良，其下部枝条比上部枝条更强壮，整个植株上部保持圆顶形状，在作为盆栽植物和花坛植物时具有良好的视觉吸引力；“Profusion Red Yellow Bicolor”百日草则对花朵颜色进行了创新，该品种将花期早、抗病强等性能与红黄双色的创新色彩相结合，随着花期的延长，该品种花色会转变为迷人的玫红、粉色和杏色，在一株植物上呈现出丰富的色彩。[③]

---

① 华新．合作与开放成为欧洲花卉新品种展示季关键词［J］．中国花卉园艺，2019（15）：58－59．

② 周伟伟．欧洲花卉新品种介绍［J］．中国花卉园艺，2015（10）：58．

③ 旷野．2022欧洲花卉新品种选拔赛金奖揭晓［J］．中国花卉园艺，2021（1）：74－75．

3）建立了成熟完善的销售体系。欧洲花卉新品种能够迅速向市场推广并及时获得市场反馈的重要原因之一，在于其建立了多元化的花卉销售网络。首先，欧洲多国建有专业的花卉销售市场。例如，荷兰建有全球最大的鲜花交易中心——阿斯米尔鲜花拍卖市场。此外，欧洲还有德国的伊姆斯花园中心、法国的西卡马歇尔花卉交易市场等。[①] 其次，欧洲建立了庞大的花卉零售网络。例如，欧洲的花卉连锁企业 Mester Grønn 在挪威各地的大型购物中心拥有 70 多家连锁店；德国的 BLUME2000 连锁花店拥有 210 家店面，年度总销售额达 1.2 亿欧元。[②] 花卉连锁店的成功范例还有 Monceau Fleurs，其凭借廉价、便捷和吸引人的产品设计得以成功，拥有超 500 家店面和高达 1.5 亿欧元的年销售额。最后，欧洲花卉的线上销售网络也十分成熟，有各种花卉商进行网络销售，包括个人销售者、各国花卉协会的会员花店、连锁企业的分店、超级市场、物流公司开办的网上花店等，一些超级市场如德国的 Lidl Blumenservice 建立了全国乃至国际性的网店（1800－flowers 和 Flora2000）。[③] 遍布欧洲各地的成熟、完善的销售体系使各育种主体可以根据市场销售情况，不断调整自身育种目标和研发行为，使花卉资源的开发利用更加符合市场需求。

---

① 朱桥明．欧洲花卉产业的发展模式及其启示［J］．广东园林，2020，42（3）：59－63.

② 佚名．欧洲花卉市场营销渠道不断拓宽［J］．农业工程技术（温室园艺），2009（12）：64.

③ 刘红艳．要么足够优秀　要么与众不同：世界花卉销售模式及其变化［J］．中国花卉园艺，2009（21）：50－52.

5　美洲高山花卉*

5.1　美洲基本地理情况

北美洲和南美洲，以巴拿马运河为界，位于太平洋东岸、大西洋西岸，总称亚美利加洲，简称美洲。意大利探险家阿美利哥·维斯普西于1499—1504年到美洲探险，证明1492年哥伦布发现的这块地方是欧洲人所不知的“新大陆”，而不是印度，因此美洲又被称为“新大陆”。美洲位于西半球，在自然地理上分为北美洲、中美洲和南美洲，位于南纬60°～北纬80°，西经30°～160°，面积4 206.8万千米^2，占地球地表面积的8.3%、陆地面积的28.4%。

美洲是唯一一个整体在西半球的大洲，位于大西洋与太平洋之间，北濒北冰洋，南与南极洲隔德雷克海峡相望，由北美和南美两个大陆及其附近许多岛屿组成。巴拿马运河一般作为南北美洲的分界线。在政治地理上则把墨西哥、中美洲、西印度群岛和南美洲统称为拉丁美洲；北美仅指加拿大、美国、格陵兰岛、圣皮埃尔和密克隆群岛、百慕大群岛。

科迪勒拉山系是世界上最长的褶皱山系，纵贯南北美洲大陆西部。北起阿拉斯加，南到火地岛，绵延约1.5万千米。该山系的北美洲部分称为落基山脉，南美洲部分称为安第斯山脉。美洲大陆从东向西分为三个南北纵列带：东部是久经侵蚀的山地和高原，其中巴西高原是世界上面积最大的高原；东西部之间是广阔的大平原，北美中部大平原和亚马孙平原都是世界上著名的平原；西部为年轻的高峻山地，属科迪勒拉山

---

* 撰稿人：王百乐，何志强。

系，阿空加瓜山海拔 6 962 米，是全洲最高点，山脉逼近海岸，沿海平原狭窄。主要河流有亚马孙河、密西西比河等，北美洲还有世界最大淡水湖群——五大湖。美洲跨有不同的气候带：北美洲大部分属亚寒带和温带大陆性气候，有面积辽阔的针叶林和大草原；中美洲和南美洲北部主要属热带气候，有广阔的热带雨林和热带稀树草原；南美洲南部则属温带气候。

5.2 主要山脉

5.2.1 北美洲主要山脉

落基山脉又译作洛矶山脉，是美洲科迪勒拉山系在北美洲的主干，被称为北美洲的“脊骨”，主要山脉从加拿大不列颠哥伦比亚省到美国西南部的新墨西哥州，南北纵贯 4 800 多千米，广袤而缺乏植被。其名称源自印第安部落名，整个落基山脉由众多小山脉组成，其中有名称的就有 39 个。除圣劳伦斯河外，北美几乎所有大河都源于落基山脉，落基山脉是大陆重要的分水岭。

落基山脉南北延伸甚远，气候多样，南端为北美热带北缘气候，北端为北极气候。但南部海拔高，纬度变化造成的影响较弱。有两个垂直气候带贯穿山脉的大部。海拔较低的一个气候带为寒温带，冬冷夏凉。在南方，海拔 2 134～3 048 米属此气候带，纬度越高此上限和下限相应越低。海拔较高的一个气候带为高山气候带，属冻原类型，冬季严寒，夏季短而寒冷。在南方，最高山峰的积雪可保持到 8 月，在北方则许多高海拔山谷仍有永久性冰川。落基山脉是北美大陆重要的气候分界线，对极地太平洋气团东侵和极地加拿大气团或热带墨西哥湾气团西行起屏障作用，导致大陆东、西降水差异巨大，并对气温分布产生一定的影响。落基山脉西部以冬雨为主，除北纬 40°以北的沿海和迎风坡降水较多外，年降水量皆在 500 毫米以下，冬季气温则高于同纬度东部各地；落基山脉东部以夏雨为主，除北部高纬地区和紧靠山地的部分大平原地区降水较少外，年降水量都在 500 毫米以上。落基山脉夏季温暖干燥，冬季寒冷湿润，年平均气温 6 ℃，7 月平均气温 28 ℃，1 月平均气温－14 ℃，年平均降水量 360 毫米。

落基山脉区域松树、白杨树等森林延展至海拔 1 800 米左右。海拔更高处分布有高山性、次高山性的花草及灌木。谷底、湖沼周边生长着湿地性植物。山区植被具有垂直分异的特点，垂直带图谱受制于高度、纬度和坡向。黄松、道格拉斯黄杉、帐篷松、落叶松、云杉等针叶树种分布较广。落基山脉地区的植物群落因高度、纬度和日照等因素差异较大，在科罗拉多州和新墨西哥州的东坡，冬天的强风从干旱的平原而来，导致散落的雪松和矮松发育不良或变形。在这一山系海拔较低处通常无树，只有河流沿岸有一片片三角叶杨和其他落叶树。河谷和盆地中分布有灌木蒿，往北远至亚伯达省南部。中等海拔地区的山地森林有白杨、黄松和黄杉。亚高山带森林由西方铁杉、黑松、西部红柏、白云杉和恩格曼云杉组成。随着纬度升高，林线的高度降低。在林线以上，耐寒的草类、苔、地衣和高山苔原的低矮开花植物几乎遍布山脉各处。在最北部的山区，主要分布着矮小的柳树，森林和高草地上有数不清的野花，包括耧斗菜、御膳橘、飞燕草、龙胆和火焰草。

5.2.2 南美洲主要山脉

安第斯山脉，属于科迪勒拉山系，也称安弟斯山脉或安蒂斯山脉，位于南美洲的西岸，从北到南全长 8 900 余千米，是陆地上最长的山脉。安第斯山脉不是由众多高大的山峰沿一条单线组成，而是由许多连续不断的平行山脉和横断山体组成，其间有许多高原和洼地。安第斯山脉是世界上除亚洲之外最高的山脉，平均海拔 3 660 米，超过 6 000 米的高峰有 50 多座，最高峰是位于阿根廷境内的阿空加瓜山，海拔 6 962 米，为西半球和南半球第一高峰，是世界上海拔最高的死火山。安第斯山脉从南美洲的南端到最北面的加勒比海岸形成一道连续不断的屏障，将狭窄的西海岸地区同大陆的其余部分分开，是地球上重要的地形特征之一。

安第斯山脉区域气候和植被类型复杂多样，垂直分带明显，随纬度、高度和坡向而异。北段地处低纬，低地和低坡地带终年高温，年平均气温在 27 ℃以上，年降水量多超过 2 000 毫米，热带山地常绿林所占比重很大。海拔由低至高，气候和植被类型依次更替，直至高山冰雪带，垂直带图谱完整。中段自北向南气温年较差增大，降水量减少，主要表现为干旱。南段地处中高纬，表现为温凉湿润特征。

一般从火地岛向北至赤道，温度逐渐上升，但高度、降水、秘鲁寒流及地形风障等因素，使安第斯山脉区域气候变得多种多样。安第斯山脉的外坡（面向太平洋或亚马孙河流域的山坡）与内坡的气候差别较大，这是因为外坡受到大洋或亚马孙河的影响。永久性雪线的高度也有很大变化，在麦哲伦海峡为 792 米，到南纬 27°上升为 6 096 米，在哥伦比亚境内的安第斯山脉为 4 572 米。与世界上其他山区一样，由于位置、纬度、昼长和迎风面及其他因素相互作用，安第斯山脉产生了各种不同的小气候。

5.3 主要高山花卉资源

本节根据 Clements 编著的 *Flowers of Mountain and Plain*（第三版）①、《北美植物志》（*Flora of North America*）②，以及《面向未来的植物》（*Plants for A Future*）③，整理了如下美洲主要高山花卉资源。

苋科（Amaranthaceae），球花藜属（*Blitum*），头花藜（*B. capitatum*），分布在海拔 1 800～3 000 米的冷杉和云杉林中的河岸上，晚春到仲夏开花，花是明亮的红色。

石蒜科（Amaryllidaceae），葱属（*Allium*），垂花韭（*A. cernuum*），簇生，分布在海拔 600～3 500 米的山区，多见于凉爽的潮湿土壤中。7—10 月开花，花色粉红或白色。

---

① Clements E S. Flowers of Mountain and Plain [M]. 3rd ed. Project Gutenberg eBook, 2014.

② 《北美植物志》（*Flora of North America*），网址：http://www.efloras.org.

③ 《面向未来的植物》（*Plants for A Future*），网址：https://pfaf.org/user/Default.aspx.

伞形科（Apiaceae），*Pseudocymopterus*，*P. montanus*，分布在海拔 2 100～3 600 米的森林、林地和草地上。初夏和仲夏开花，花为橙色或黄色小花。

菊科（Asteraceae），高莛苣属（*Agoseris*），*A. glauca*，多年生植物，分布在海拔 2 400～3 300 米的河岸上。花期 5—6 月，花色金黄。羊菊属（*Arnica*），*A. cordifolia*，分布在海拔 2 100～3 600 米的冷杉、云杉和白杨林中。花中心为黄色，有黄色射线。紫菀属（*Aster*），*A. foliaceus*，多年生植物，分布在海拔 2 100～3 300 米的冷杉、云杉和白杨林等针叶林或亚高山草甸中。叶片心形至卵形，边缘齿状。花期 5—7 月，花色黄色。金菀属（*Chrysopsis*），*C. villosa*，分布在草原和沙砾坡地，以及海拔 900～3 000 米的白杨林地。仲夏开花，花头金黄色，是射线花，也是圆盘花。还阳参属（*Crepis*），*C. runcinata*，多年生植物，分布在海拔 2 400～3 300 米的高山草地和沼泽中，仲夏开花，花色黄色。飞蓬属（*Erigeron*），*E. macranthus*，分布在草甸、冷杉林、白杨林地和海拔 1 500～3 000 米的砾石滩上。仲夏开花，花为黄色的圆盘状，周围环绕着蓝紫色线条。天人菊属（*Gaillardia*），宿根天人菊（*G. aristata*），多年生植物，分布在草地和海拔 200～2 900 米的白杨林地中。叶片披针形。花期 5—9 月，花色紫色或黄色。堆心菊属（*Helenium*），*H. hoopesii*，多年生植物，分布在云杉森林、白杨林地和海拔 2 250～3 300 米的亚高山草甸中。花期 6—9 月，花色橙色、黄色。小向日葵属（*Helianthella*），*H. parryi*，分布在海拔 2 100～3 000米的云杉和白杨林中，仲夏开花，花色黄色。蒿菀属（*Machaeranthera*），*M. bigelovii*，分布在海拔 1 800～3 000 米的砾石滩上。仲夏开花，花有紫色的射线和黄色的盘。金光菊属（*Rudbeckia*），黑心菊（*R. hirta*），一年生、两年生或多年生植物，分布在海拔 1 500～3 300 米的草地、沼泽和沿河岸边。叶片椭圆至披针形，多绒毛。花期 6—9 月，花近端黄绿色，远端褐紫色。千里光属（*Senecio*），*S. fendleri*，分布在海拔 2 100～3 000 米的山麓丘陵和砾石滩上。仲夏开花，黄色头状花序很小。四脉菊属（*Tetraneuris*），*T. grandiflora*，只分布在海拔3 000～4 200

米的高山草甸中。仲夏开花，为垂下的黄色花。

紫草科（Boraginaceae），齿缘草属（*Eritrichium*），*E. argenteum*，只分布在海拔 3 300～4 300 米的高山上。整个夏天都开花，花为白色、浅蓝色或深蓝色。鹤虱属（*Lappula*），*L. floribunda*，分布在海拔 1 500～3 000 米的山坡上和灌木丛中。整个夏天都开花，花呈蓝色或白色。紫草属（*Lithospermum*），*L. multiflorum*，多年生植物，分布在海拔 1 800～3 600 米的丘陵、山脉和峡谷的砾石土壤中。花期 7—8 月，花色黄色。滨紫草属（*Mertensia*），*M. alpina*，分布在科罗拉多州海拔 3 000～4 200 米的山峰上，在低海拔地区栽培效果很好。初夏盛开，花色蓝色或粉红色。勿忘草属（*Myosotis*），勿忘草（*M. alpestris*），多年生草本，分布在海拔 2 700～3 600 米的高山草地上。叶片披针形。从春天到整个夏天开花，花色蓝色、粉红色或白色。沙铃花属（*Phacelia*），*P. sericea*，分布在海拔 3 000～3 900 米的高山草甸和砾石滩中。仲夏开花，花色蓝紫色至深紫红色。

十字花科（Brassicaceae），葶苈属（*Draba*），*D. aurea*，多年生植物，分布在海拔 700～4 200 米阳光充足处。叶片披针形至倒卵形。花期 6—8 月，花色黄色。糖芥属（*Erysimum*），*E. asperum*，两年生植物，分布在海拔 900～3 600 米的沿河岸的沙丘、草原、平原和山坡上。叶片倒披针形。花期 5—8 月，花色黄色。*Physaria*，*P. didymocarpa*，多年生植物，分布在海拔 1 500～3 000 米的干燥的丘陵和碎石坡上。叶片倒卵形。总状花序，春季和初夏开花，花色淡黄色。

桔梗科（Campanulaceae），风铃草属（*Campanula*），*C. parryi*，多年生植物，分布在海拔 2 100～3 000 米的山区草地上。仲夏开花，花色紫色。圆叶风铃草（*C. rotundifolia*），多年生植物，分布在海拔 2 100～3 000 米的山区草地上。仲夏开花，花色紫色。*C. uniflora*，分布在海拔 3 300～4 200 米的高山草甸上。初夏开花，花色深紫蓝色。

忍冬科（Caprifoliaceae），北极花属（*Linnaea*），北极花（*L. borealis*），亚灌木，分布在海拔 2 400～3 600 米潮湿的松树林和云杉林下。花期 7—8 月，花色白色至粉红色。

景天科（Crassulaceae），红景天属（*Rhodiola*），*R. rhodantha*，分布在海拔 3 000～3 900 米的草地和沼泽中。仲夏开花，花玫瑰粉红色至近乎白色。红景天（*R. rosea*），分布在海拔 2 700～4 200 米的高山上。仲夏开花，花为深紫红色小花。景天属（*Sedum*），窄瓣景天（*S. stenopetalum*），分布在海拔 1 200～3 600 米处。整个夏天都开花，花色黄色。

豆科（Fabaceae），野决明属（*Thermopsis*），*T. montana*，分布在海拔 900～3 300 米的草地上。晚春开花，花朵亮黄色。车轴草属（*Trifolium*），*T. dasyphyllum*，分布在海拔 3 600～4 200 米的山峰上。仲夏开花，花色乳白色夹玫瑰紫色。*T. nanum*，分布在海拔 2 700～4 200米处。仲夏开花，花色粉红色至紫色。野豌豆属（*Vicia*），*V. americana*，分布在草原和海拔 1 200～3 000 米的富饶河谷中。春季和初夏开花，花色蓝色至紫色。

龙胆科（Gentianaceae），*Frasera*，*F. speciosa*，分布在海拔 1 800～3 000米的云杉和白杨林中或草丛中。整个夏天都开花，花色淡绿色或白色，花瓣顶端有暗蓝色的斑点。假龙胆属（*Gentianella*），尖叶假龙胆（*G. acuta*），分布在海拔 1 800～3 600 米的草地、冷杉、云杉和白杨林中。夏天开花，花色淡紫色。獐牙菜属（*Swertia*），北温带獐牙菜（*S. perennis*），分布在海拔 2 400～3 900 米的溪流岸边、潮湿的草地和沼泽中。仲夏开花。

牻牛儿苗科（Geraniaceae），老鹳草属（*Geranium*），*G. caespitosum*，分布在干燥的山麓、砾石斜坡和海拔 1 500～3 000 米的松林中。春末至仲夏开花，花色为明亮的粉红色、红色或紫色。

茶藨子科（Grossulariaceae），茶藨子属（*Ribes*），多刺茶藨子（*R. lacustre*），分布在海拔 3 400 米左右的潮湿的树林、沼泽、河岸边、斜坡等地。叶片五角形，3～7 裂。花期 4—8 月，花远端为黄绿色，近端渐变为红色。*R. leptanthum*，分布在海拔 1 800～3 000 米的山地。叶片圆形或椭圆形。花期 4—6 月，花色主要为白色，部分花瓣边缘为红色、粉红色。

鸢尾科（Iridaceae），鸢尾属（*Iris*），密苏里鸢尾（*I. missouriensis*），分布在河岸边和海拔 900～3 000 米的草地上。叶片线形。花期 5—7 月，花色淡蓝色至紫色。庭菖蒲属（*Sisyrinchium*），狭叶庭菖蒲（*S. angustifolium*），多年生草本，分布在草原、山麓丘陵和海拔 3 000 米及以上的高山草地上。花从春天开到仲夏，花色淡蓝色至紫色，部分为白色。

唇形科（Lamiaceae），黄芩属（*Scutellaria*），*S. resinosa*，分布在平原、山麓和海拔 1 500～3 000 米的砾石坡上。初夏开花，花色蓝色。

狸藻科（Lentibulariaceae），狸藻属（*Utricularia*），狸藻（*U. vulgaris*），多年生悬浮水生植物，分布在近海平面至海拔 3 700 米的湖泊、池塘、沟渠、河流、稻田等地。花期 6—8 月，花序直立，花色黄色。

百合科（Liliaceae），仙灯属（*Calochortus*），*C. gunnisonii*，分布在山麓、草地和海拔 1 200～3 300 米的白杨林中。整个夏天都开花，花色白色。猪牙花属（*Erythronium*），*E. parviflorum*，分布在海拔 2 400～3 600 米的草地和云杉林中。春天开花，花色黄色。百合属（*Lilium*），费城百合（*L. philadelphicum*），分布在沼泽地和海拔 2 100～3 300 米的河岸边。叶片线形、倒披针形或椭圆形。花期 5—8 月，花色多为猩红色、红橙色，有些淡橙色，极少黄色。

亚麻科（Linaceae），亚麻属（*Linum*），宿根亚麻（*L. perenne*），多年生植物，分布在海拔 1 500～3 000 米的平原和丘陵地带。叶片线形至披针形。花期 6—8 月，花色蓝色至蓝紫色。

锦葵科（Malvaceae），棯葵属（*Sidalcea*），*S. neomexicana*，分布在海拔 1 800～3 000 米的丘陵地带和山谷中。初夏到仲夏开花，花色玫瑰色或紫色。

藜芦科（Melanthiaceae），沙盘花属（*Zigadenus*），*Z. elegans*，分布在海拔 0～3 600 米的潮湿的草地、湖泊岸边、针叶林的沼泽中。总状花序，花期 6—8 月，花色奶油色。

柳叶菜科（Onagraceae），月见草属（*Oenothera*），月见草（*O. bi-*

ennis)，分布在海拔 1 200～3 000 米的山谷和平原上。整个夏天都开花，黄色芳香花朵在晚上开放，第二天早上枯萎。

兰科（Orchidaceae），布袋兰属（*Calypso*），长角布袋兰（*C. bulbosa* var. *speciosa*），分布在海拔 2 100～3 000 米的冷杉和云杉林中。早春开花，花色玫瑰紫色。珊瑚兰属（*Corallorhiza*），*C. multiflora*，腐生植物，分布在海拔 2 100～3 000 米的云杉和冷杉林中。整个夏天都开花，花瓣白色，上面有紫色的圆点。斑叶兰属（*Goodyera*），小斑叶兰（*G. repens*），分布在海拔 2 700～3 300 米的冷杉和云杉林中。仲夏开花，细小的白色花。

列当科（Orobanchaceae），火焰草属（*Castilleja*），*C. miniata*，分布在海拔 1 800～3 300 米的丘陵、山区和森林中。整个夏天都开花。列当属（*Orobanche*），*O. uniflora*，分布在海拔 1 500～3 000 米的潮湿树林中。初夏开花，花色紫罗兰色。鹰钩草属（*Orthocarpus*），鹰钩草（*O. luteus*），分布在平原和海拔 1 200～3 000 米的草地和山麓。整个夏天都开花，花色黄色。马先蒿属（*Pedicularis*），*P. groenlandica*，分布在海拔 2 400～3 600 米的沼泽和潮湿草地上。整个夏天都开花，花朵呈开放的穗状排列。

罂粟科（Papaveraceae），红堇属（*Capnoides*），*C. aureum*，广泛分布在林地和海拔 1 200～3 000 米的山坡上，常见于开阔的、沙质的或砾石质的土壤中。6 月开始开花，并持续整个夏天，花色黄色。

透骨草科（Phrymaceae），狗面花属（*Mimulus*），*M. langsdorfii*，分布在海拔 2 400～3 600 米的泥泞处。春季和夏季开花。

车前科（Plantaginaceae），钓钟柳属（*Penstemon*），密生钓钟柳（*P. confertus*），分布在海拔 2 100～3 000 米的丘陵和山地。初夏开花，花色黄色、蓝紫色或玫瑰色。*P. glaucinus*，分布在海拔 2 400～3 600 米的山区。仲夏开花，花色酒红色或接近黑色，有时也为淡黄色或白色。细钓钟柳（*P. gracilis*），分布在平原和海拔 1 200～3 000 米的山区。初夏和仲夏开花，常见蓝色，也有粉红色。婆婆纳属（*Veronica*），*V. americana*，分布在海拔 1 200～3 600 米的潮湿草地和池塘中。整个夏天都开花，花色蓝色或白色，带紫色条纹。

花荵科（Polemoniaceae），花荵属（*Polemonium*），*P. pulchellum*，分布在海拔 2 400～4 200 米的云杉林中。夏天开花，花色蓝色。*P. speciosum*，分布在科罗拉多州海拔 3 600～4 200 米的高山上。仲夏开花，花色淡蓝色，有芳香。

报春花科（Primulaceae），点地梅属（*Androsace*），矮点地梅（*A. chamaejasme*），分布在海拔 3 000～4 200 米的高山岩石裂隙中。整个夏天都开花，花瓣呈白色，花蕊为粉色或黄色，在凋谢时常常会变成粉色。流星报春属（*Dodecatheon*），流星报春（*D. meadia*），分布在海拔 1 500～3 600 米的河岸边和潮湿草地上。叶片倒披针形至长椭圆形。初春开花，花色白色、淡紫色或红色。卧地梅属（*Douglasia*），*D. montana*，分布在海拔 1 800～3 300 米的山区草地、开阔的山脊、碎石坡上。叶片线形。初夏开花，花色粉色。报春花属（*Primula*），*P. angustifolia*，草本植物，分布在海拔 2 400～4 400 米的草甸中。叶片线形至倒披针形。夏天开花，花色大多为粉色，部分为白色。*P. parryi*，草本植物，分布在海拔 2 700～4 200 米的高山（亚高山）的沼泽、溪边、潮湿的草地上。叶片倒披针形至倒卵形。夏天开花，花色洋红色。

毛茛科（Ranunculaceae），乌头属（*Aconitum*），*A. columbianum*，分布在海拔 1 800～3 600 米的山区草地和溪边。7 月初至 8 月底开花。花色多为深蓝紫色，也有黄白色。有毒性，有药用价值。银莲花属（*Anemone*），多裂银莲花（*A. multifida*），分布在海拔 2 100～3 600 米的草地和山坡上。整个夏天都开花，花色通常为白色，也有粉红色、深玫瑰红色等。耧斗菜属（*Aquilegia*），加拿大耧斗菜（*A. canadensis*），分布在海拔 2 200～3 300 米的树木繁茂的山坡上。花期 7—8 月，花为明亮的红色，通常带有黄色。变色耧斗菜（*A. coerulea*），科罗拉多州的州花，分布在云杉林和白杨林中或海拔 1 900～3 600 米的山地草地上。花色一般为浅蓝、深蓝，少数白色。铁线莲属（*Clematis*），阿尔卑斯铁线莲（*C. alpina*），分布在开阔的森林和海拔 2 100～3 000 米的林地中。春天和初夏开花，花色薰衣草色或蓝紫色。翠雀属（*Del-*

phinium)，*D. scopulorum*，分布在海拔 1 500～3 000 米的山麓和山坡上。叶片圆形或有裂口的五角形。夏末初秋开花，花色从淡蓝色到深蓝紫色不等。碱毛茛属（*Halerpestes*），水葫芦苗（*H. cymbalaria*），多年生草本，分布在海拔 900～3 000 米的潮湿或碱性土壤中。匍匐茎细长，横走。整个夏天都开花，花色柠檬黄。白头翁属（*Pulsatilla*），*P. hirsutissima*，主要分布在平原和丘陵地带，海拔 1 200～3 000 米的山地草地上也有分布。春天开花，花色从白色到淡蓝色或粉红色到紫色不等。毛茛属（*Ranunculus*），*R. macauleyi*，分布在海拔 3 000～4 200 米的高山草甸、阳光明媚的开阔地带。叶片披针形至狭椭圆形。花期 6—8 月，花色为明亮的黄色。

蔷薇科（Rosaceae），金露梅属（*Dasiphora*），金露梅（*D. fruticosa*），灌木，分布在草甸、溪流边和海拔 1 000～4 000 米的砾石斜坡上。整个夏天都开花，花色黄色。石陵菜属（*Drymocallis*），*D. arguta*，广泛分布在海拔 900～3 600 米的草原、草甸和山坡上。叶片宽椭圆形至倒卵形。花期 5—8 月，花色乳白色至淡黄色。委陵菜属（*Potentilla*），*P. gracilis*，分布在海拔 1 500～3 000 米的草地和开阔林地中。叶片倒披针形至椭圆形。仲夏开花，花色为明亮的黄色。蔷薇属（*Rosa*），刺蔷薇（*R. acicularis*），灌木，分布在丘陵、山坡和海拔 1 500～3 000 米的开阔森林中。叶片椭圆形。花期 6—7 月，花色一般为粉红色，部分为白色。岩车木属（*Sieversia*），*S. turbinata*，分布在海拔 3 000～4 200 米的山峰上。仲夏开花，杯状，花色黄色。

虎耳草科（Saxifragaceae），亭阁草属（*Micranthes*），斑点亭阁草（*M. nelsoniana*），分布在海拔 2 400～3 600 米的林缘或石隙。初夏开花，花色洁白。虎耳草属（*Saxifraga*），刺虎耳草（*S. bronchialis*），分布在海拔 1 800～3 900 米的山坡石隙。叶片线形或披针形。整个夏天都开花，花色白色或淡粉色，花瓣上有橙色和紫色的点。拟黄花虎耳草（*S. chrysanthoides*），分布在海拔 2 700～4 500 米的高山苔原、岩石上。叶片线形、披针形。仲夏开花，花色金黄色或橙色。匐枝虎耳草（*S. flagellaris*），分布在海拔 3 000～4 200 米的高山岩石上。叶片披针形至倒卵形。整个夏天都开花，花色黄色。*S. jamesii*，分布在海拔 2 400～3 900 米的岩石裂隙中。初夏开花，花色浅至深玫瑰色。

5.4 资源保护与利用

5.4.1 资源保护与利用概况

美洲植物资源的收集保护主体包括植物园、自然博物馆、高校等，在地域上以美国为首的北美洲在植物资源收集保护上投入较多。美国的植物保护中心（CPC）①将来自植物园和其他以植物为重点的组织的植物保护者联合起来，共同致力于拯救美国、加拿大等国的濒危植物。CPC 参与机构通过收集种子等拯救这些物种、增强公众对濒危植物的了解，并通过 CPC 网络合作伙伴的内部交流，确保所有人在保护植物过程中都能使用最先进的方法。自 1984 年以来，CPC 一直在进行稀有植物物种保护工作，目前，CPC 通过其世界级植物园网络收集了 2 200 多种美国濒危的本土植物，并与 73 个保护合作伙伴通过“异地”植物收藏保护濒危植物资源，具体保护手段包括建立种子库、苗圃和进行花园展示等。2018 年，CPC 参与机构在植物园内的保护收藏中拥有超过 1/3 的稀有北美植物物种（超过 1 400 个分类群）。美国还曾率先成立了国家野花中心（伯德 · 约翰逊夫人野花中心），完成了大量植物保护科研项目，保护了植物多样性和健康的本地生态系统。②

在高山植物方面，北美洲较为重视高山植物的保护，为应对由气候变暖带来的高山植物保护压力，贝蒂 · 福特高山花园与丹佛植物园于 2020 年合作撰写了《北美植物园高山植物保护战略》（简称《高山战略》）。③《高山战略》是美国、加拿大和墨西哥保护高山植物和生态系

---

① National Collection of Rare Plants - CPC（saveplants. org）[EB/OL]. https：//saveplants. org/national - collection/.

② 刘烨，高亦珂 . 各国野生花卉的保护与应用现状初探 [J]. 现代园艺，2022，45（9）：125 - 128，130.

③ Conservation | Betty Ford Alpine Gardens [R/OL]. https：//bettyfordalpinegardens. org/conservation/.

统的蓝图，重点是植物园在这一过程中的作用。该战略以两个现有模板——《全球植物保护战略》(GSPC) 和《北美植物园植物保护战略》为基础。《高山战略》为北美洲植物园提供了一个框架，以应对高山生态系统面临的环境和气候变化挑战，它指明了植物园在研究、保护和教育方面可以发挥的关键作用。该战略旨在鼓励植物保护组织为保护北美洲高山植物及其生境的集体目标作出贡献。《高山战略》不仅适用于植物园，还适用于自然历史博物馆、高校、政府、本土植物协会及其他任何有兴趣保护北美洲高山地区自然遗产和生态完整性的组织。

《高山战略》详细阐述了通过异地和就地保护工作保护高山生境的长期计划，计划分为四个主要目标：了解和记录高山植物多样性，保护生境中的高山植物，通过教育和外联提高公众对高山生态系统和植物多样性的认识，以及提高各主体保护高山植物物种和相关生境的能力。

在具体行动上，贝蒂·福特高山花园与全球其他植物园、学会和研究所合作，通过种子收集、繁殖、栽培和植物共享来开发和保护特殊的植物资源。目前，已经构建了北美洲所有高山地区的数字地图，地图中包含气候变量、坡度、坡向等信息；基本创建了北美洲所有已知高山植物的列表，对以往分类混乱的高山植物进行了梳理，目前仅需添加每种植物的保护状态即可完成最后一步。后续将进行高山植物及其栖息地的保护（2030 年前）、高山植物迁地保护、提高公众对高山植物保护的认识、培训高山植物保护专业人员等工作。

5.4.2 美洲花卉产业

(1) 美国花卉产业

美国是世界上最大的园林产品消费国，其消费主要来自家庭园艺和公共绿化建设需要，大规模的花卉消费对象主要为鲜切花。美国花卉业生产规模及格局比较稳定，观叶植物及草花在全国花卉生产中的比例呈上升趋势，而切花及切叶的生产比例则呈下降趋势，现主要依赖进口。

2022 年，美国年销售额在 1 万美元及以上的花卉生产企业共有 8 951家，比上一年度下降了 6%；花卉园艺产品销售总额为 66.9 亿美元，比上一年度增加了 4%。花卉园艺产品生产面积约为 7 738 公顷。佛罗里达、加利福尼亚、密歇根、新泽西、得克萨斯、纽约、俄亥俄、宾夕法尼亚、北卡罗来纳、康涅狄格等 10 个州的花卉园艺产品营收占全美花卉园艺销售额的 1/3。2022 年，美国雇用工人的花卉园艺实体总数为 6 349 家，比 2021 年下降了 6%。宾夕法尼亚、纽约、佛罗里达、加利福尼亚、密歇根 5 个州的花卉园艺企业数量占全美花卉园艺企业总数的 1/3。平均每个企业雇用员工 17.7 人，比 2021 年的 16.9 人增加了 0.8 人。[①②]

美国花卉产业的地栽与容器栽培均达到了较高的专业水平，产前准备、生产布局、小苗栽植、滴灌管安装、支撑安装、整形修剪等环节均严格遵循一定的操作流程，规范严谨，且容器栽培一律采用人工介质。美国在花卉机械化种植上拥有先进的园艺计算机系统、上盆系统等系统及栽种和搬盆机器人、移动式培育苗床和分级捆束机等自动化设备，在劳动力短缺、劳动力成本逐年提高的情况下也能提高生产效率、扩大产能、提高产量。

美国在花卉产业物流交易体系中投入大量的人力、物力与财力，积极研究与开发包装、保鲜、运输等现代化的花卉物流技术装备。首先，充分利用信息通信技术，把花卉农场、承运人、进出口商、仓储、集装箱运输、市场和消费者紧紧地联系在一起，提高透明度。无论消费者身在何处，只要他在互联网上发出订购花卉的品种、数量和需要的日期等信息，在规定的时间内就有人把订购的花卉送到他的手中。其次，寻找降低花卉运输成本的新办法。新发明的可用于宽体飞机底部货舱内环保

① 2022 Floriculture Crops [R/OL]. https://www.nass.usda.gov/Publications/Highlights/2023/Floriculture_Highlights.pdf.

② 2021 Floriculture Crops [R/OL]. https://www.nass.usda.gov/Publications/Highlights/2022/Floriculture_Highlights_07.pdf.

式集装箱上的保温材料，能够持续保温 96 个小时，极大地降低了物流成本。最后，使用新的保鲜技术。例如，改进花卉运输袋，确保在运输过程中花卉根茎始终浸泡在营养液体中。

在美国，花卉产业主要靠市场引导，协会主要起行业组织的作用，其组织的行业活动常常与新品种推广及销售相结合。政府并不干预各个州在花卉科研、推广、生产、销售等方面的发展工作。在产业推广方面，各级行业协会与高校作为主体，通过课堂授课、现场培训或网络培训等方式推广花卉产业的最新技术与动态。企业则成为新品种选育的主体。以每年一度在美国佛罗里达州迈阿密市举办的美国国际花卉博览会为例，这是在美国本土举办的展示花卉品种和进行花卉产品销售的最重要活动之一。展品范围包括鲜切花、切叶植物，及园艺相关周边产品。展商涵盖种植者、零售商、经销商、进口商、园艺中心、苗圃及花艺设计相关设施资材供应商。从育种到成品花销售，博览会为买家与卖家搭建了一个互相沟通交流的平台。此外，展会期间还会组织相关讲座与产业论坛，涉及花卉的生产种植、物流、经销等不同领域。

在新品种培育方面，美国上到科研院校、协会团体，下至企业、个人，均处于稳定发展阶段。享有世界育种产业“奥斯卡”美誉的全美选种组织 AAS（All America Selections），每年都会选择多个花卉新品种，在全美各地不同气候条件范围内进行一系列测试，选出最适宜的品种推荐给种植者。该测试丰富了美国的育种经验，为美国的花卉产业发展提供了强有力的支撑。此外，起源于 20 世纪 60 年代的加州春季花卉新品种展示会，每年都会吸引全美乃至世界各地的花卉生产商、种子种苗销售商和大型连锁零售商参展，引导花卉消费。该展会是全球园艺行业的盛会，从南加州一直延伸到旧金山附近，成为一场全长 800 千米的花卉“马拉松”活动。

（2）加拿大花卉产业

加拿大观赏园艺行业包括花卉（主要是切花和盆栽）、苗圃、圣诞树和草皮等行业。花卉园艺（有花和无花盆栽、温室和田间切花）是加拿大收入最高的观赏园艺行业，占总销售额的 67.3%。2016—2021 年，加拿大花卉销售总额一直在增长，2021 年的产值比前四年的平均值高 15.4%。2021 年，安大略省花卉产量约占加拿大花卉总产量的一半（49.1%），不列颠哥伦比亚省占 24.5%，魁北克省占 14.6%，其余省份占 11.8%。2021 年，苗圃产品销售额和转售额之和同比增长 4.3%，达到约 7.5 亿加元，占观赏园艺行业总销售额的 27.2%。按省份划分，安大略省苗圃产品销售额所占份额最大（44.8%），其次是不列颠哥伦比亚省（30.4%）和魁北克省（14.5%）。

加拿大最大的观赏园艺贸易伙伴是美国。2021 年，加拿大观赏园艺产品出口总额达 8.42 亿加元，比 2020 年增长了 27%，排名世界第八。2021 年，加拿大观赏园艺产品对美国的出口额为 8.38 亿加元，占加拿大观赏园艺产品出口总额的 99.5%，而从美国进口的观赏园艺产品总额为 3.29 亿加元，占加拿大观赏园艺产品进口总额的 48.1%。[①]

加拿大观赏园艺行业整体水平较高，主要表现为以下三个方面。一是技术水平高。一些大型公司从装土进盆开始，到下种、栽苗、移栽、浇水、施肥、温湿度和光照调节，均由电脑控制，自动化操作。机器人也广泛应用于生产中。生物基因工程作物品系、病虫害生物防治、土壤肥力速测、酸碱度监控等广泛应用于栽培中。除省级农业部门技术专家为企业提供常规技术支持外，很多大公司与大学、研究所有直接联系。为确保花苗准时送达客户手中，所有运输卡车均配备有空调和卫星导航系统。二是生产法规和市场流通体系健全。加拿大注重知识产权保护，来自世界各地具有知识产权的园艺作物品种，必须先申请并按生产量缴纳知识产权费才能生产。为简化产品进出口手续，加拿大食品检验署与美国农业部有协议：企业如果通过评估、验收和不定期实地抽查，就可以申请出口免检牌照。企业除给职工保险外，也须给生产上保险，以防特大病虫害、火灾等。企业主们自发联合成立协会沟通信息，交流技

① Statistical Overview of the Canadian Ornamental Industry 2021 [R/OL]. https://agriculture.canada.ca/sites/default/files/documents/2022-12/ornamental_report_2021_v2-eng.pdf.

术，向政府争取利益。三是配套设施齐全。加拿大花卉园艺发展也带动了国内相关配套资材发展。例如花房建筑和设计、种类繁多的栽培基质、专用化肥和农药、花卉包装材料、先进的自动化设备等。①

很多加拿大花卉种植者都有荷兰背景。加拿大很多苗圃继承人与荷兰有联系。现在，很多加拿大球根花卉种植者仍然从荷兰采购种球，而植物扦插苗主要来自加拿大中部或南美。加拿大温哥华的拍卖对加拿大花卉贸易有很大影响。联合花卉种植者（简称 UFG）是加拿大一家花卉合作社，会员来自不列颠哥伦比亚省，UFG 有自己的花卉拍卖公司，目前该花卉拍卖公司有 80 多家会员，大多有荷兰血统。随着温哥华城市的发展，当地的批发商和零售商也逐渐加入 UFG，使之不断发展壮大。现在，来自温哥华和美国西雅图地区的客户都在 UFG 购买花卉产品。

温哥华地区只是不列颠哥伦比亚省的小部分。在整个不列颠哥伦比亚省，一二年生植物等销售额达 2.7 亿加元，其中绿色植物的销售额接近 2 亿加元。在这一地区可以种植多种多样的花卉。牡丹、向日葵、大丽花和其他一些季节性产品非常吸引消费者的关注，这也是一种新的消费趋势。②

中国西北农林科技大学曾引种加拿大草本花卉，其中桂竹香（*Erysimum×cheiri*）、南芥（*Arabis mosaic*）、香雪球（*Lobularia maritima*）、薰衣草（*Lavandula angustifolia*）、雏菊（*Bellis perennis*）、粉蝶花（*Nemophila menziesii*）、翠雀花（*Delphinium consolida*）、黑种草（*Nigella damascena*）、多叶羽扇豆（*Lupinus polyphyllus*）、欧洲柳穿鱼（*Linaria vulgaris*）③、牛舌草（*Anchusa azurea*）、肿柄菊（*Tithonia diversifolia*）、毛地黄（*Digitalis purpurea*）和蓝花鼠尾草

---

① 赵友明．加拿大现代化花卉，园艺产业现状及与中国合作前景展望［EB/OL］. http：//www. ccagr. net/index2. php? option=com _ content&task=view&id=72&pop=1&page=0.

② 旷野．加拿大花卉植物产销增长并非易事［J］. 中国花卉园艺，2018（5）：56-58.

③ 张庆春，牛立新，张延龙，等．加拿大秋播草花的引种观察与应用评价［J］. 西北农业学报，2009，18（4）：251-255.

（Salvia farinacea）等花卉能适应关中地区的环境，适宜在陕西等地区推广应用。①

（3）哥伦比亚花卉产业

哥伦比亚共和国位于南美洲西北部，西濒太平洋，出入大西洋和太平洋都很方便。其西北部与中美洲的巴拿马相连，东部与委内瑞拉和巴西接壤，西南部与厄瓜多尔和秘鲁为邻，领土面积 114.17 万千米^2，人口 5 216 万（2023 年）。② 全国降水充沛，年平均降水量在 1 500 毫米以上。花卉种植是哥伦比亚一个非常重要的产业，直接或间接地提供了约 13 万个就业机会。生产的花卉 90%供出口，出口量仅次于咖啡、石油、煤炭，居第四位，花卉在农业各行业的出口排名仅次于咖啡。

哥伦比亚是全球仅次于荷兰的第二大花卉生产国，花卉产量占全球花卉总产量的 17%。哥伦比亚商业切花生产始于 20 世纪 60 年代中期。当时哥伦比亚有远见卓识的花卉企业家充分利用了地理位置、气候条件、土地供应和社会经济因素（包括充足的廉价劳动力）等方面的优势。哥伦比亚地理位置优越，得天独厚的自然条件，如接近赤道的纬度带，山区地形，长日照，土壤肥沃，水资源丰富，没有明确的季节限制，一年四季都有适合切花生产的气候条件和光照强度，温室也不需要加温或降温等，让这里的鲜花花茎更长、花苞更大、颜色更艳，成就了哥伦比亚鲜花的优秀品质。优越的货运条件是哥伦比亚花卉成功出口的一个重要因素：飞机 3.5 小时即可到达迈阿密，通过迈阿密顺利进入欧洲市场，甚至更遥远的日本等市场。哥伦比亚有许多航空公司能提供客运和货运服务。近几年来，哥伦比亚花卉海运出口一直在增长，哥伦比亚花卉通过海运出口到迈阿密港口、佛罗里达港口的数量在不断增长。

---

① 刘孟霞，张延龙，牛立新，等．运用层次-关联分析法综合评价加拿大引种草本花卉[J]. 西北农业学报，2009，18（4）：261－266.

② 哥伦比亚国家概况［EB/OL］. 外交部官网，（2023－10）［2023－11］. https：//www.mfa.gov.cn/web/gjhdq_676201/gj_676203/nmz_680924/1206_681072/1206x0_681074/.

哥伦比亚生产的大部分切花是玫瑰、康乃馨和菊花，出口花卉中33%是玫瑰，20%是绣球花，12%是康乃馨，12%是菊花，其余的23%由六出花、百合、紫菀、勿忘我、非洲菊、满天星、马蹄莲等数十种花卉品种和一系列“夏季花卉”组成，也有热带花卉和切叶。在过去的20年中，哥伦比亚花卉生产种类发生了巨大变化，多样化趋势越来越明显，哥伦比亚将自己定位为出口花卉品种最多的拉美国家，每年有1 600余种鲜花出口到100多个国家，最大的出口国是美国（占总出口量的75%），5%销往英国市场，3%销往日本、俄罗斯、荷兰和加拿大市场，另有8%销往西班牙、智利、巴拿马、波兰和巴西等国家，甚至远销到澳大利亚。[①] 2021年是哥伦比亚花卉行业创纪录的一年，花卉出口额和出口量均刷新历史纪录，共出口30万吨鲜花，出口额17.3亿美元，比2020年增长22%，比正常年份例如2019年增长17%。[②] 据哥伦比亚农业和农村发展部统计，哥伦比亚花卉生产面积约8 400公顷，大部分花卉种植在简易塑料大棚下，也有不少花卉种植在露地和阴凉处。哥伦比亚很多花卉企业的基地面积都超过50公顷，大多为家族企业，一直延续到现在。这些企业运转良好，设备、技术、物流先进，并且意识到了企业可持续发展的重要性，也在为之努力。[③] 哥伦比亚的花卉种植高度集中在波哥大和麦德林附近，而来自这两大城市周围的各种大型工业企业对劳动力资源的竞争非常激烈。考虑到这一点，多家花卉企业正在提升员工福利，包括提供有竞争力的工资和奖金、健康福利，设立日托中心，提供创新、有趣和有吸引力的工作氛围及继续教育机会来吸引劳动力。

在该国出口的所有花卉中，哥伦比亚花卉出口商协会出口的花卉所占比例最高。该协会成立于1973年，在国际市场推广和风险防御等方面表现活跃，并创建了一个高效的研究中心，主要从事继续教育、研究支持、信息传播、贸易展览组织等工作，是国内外的行业代表。1996

① 旷野．哥伦比亚、厄瓜多尔花卉栽培对比［J］．中国花卉园艺，2019（15）：60-63.

② 旷野．哥伦比亚2021年出口创纪录［J］．中国花卉园艺，2022（5）：76-77.

③ 旷野．哥伦比亚：花卉生产者的天堂［J］．中国花卉园艺，2017（15）：62-63.

年，哥伦比亚花卉出口商协会推出了 FLORVERDE®可持续花卉项目，被国际社会普遍认可。

哥伦比亚的花卉产业发展不仅有发展中国家的普遍优势——劳动力成本低，其生产还具有高度的专业化、规模化和科学管理特征。哥伦比亚全国具有一定规模的花卉生产农场有 100 多个，一个农场原则上只生产 2～3 种花卉。花卉生产的集约化经营程度也较高，分工严密细致，花卉种植、管理、采集、分类、加工处理、保鲜冷藏和装箱储运等都有明确分工，有一套严格的规程和制度。[①] 在生产管理科学化方面，一般每六公顷花卉配备一名农艺师，每公顷花卉配备三名技术员。施肥、灌溉均采用管道喷灌或微型滴灌。特别是对施肥要求严格，除在播种、栽植之前施足底肥和有机肥外，每个月还定期化验 2～3 次土壤肥力，定期取样送到美国权威部门测定，根据土壤养分状态确定肥料配方，及时施肥。对病虫害的防治，以生物防治为主，一般不使用化学农药，凡被病虫害侵袭严重的植株都烧掉。苗木繁殖采用组织培养法，一般每个花卉农场都设有一个设备先进的组织培养室。花卉原种一般直接从荷兰、法国、德国等欧洲国家引进。花房都安装大蒸汽锅炉，栽花前的土壤要用100 ℃的蒸汽杀菌消毒。花房温室设有自动喷水、光照灯、保温暖气等现代化装置。

哥伦比亚花卉生产市场针对性强。为了增加销售额，花卉经纪人十分注意研究不同地区、不同国家对花卉的不同需要。例如，欧洲人喜欢购买含苞欲放的丁香，所以凡销往欧洲的丁香都要提前剪枝；美国人喜欢艳丽怒放的丁香，所以运往美国的丁香都是剪下后先浸在紫色或绿色的苯胺水中，经冷处理后才发运。另外，他们还不断增加花卉品种。例如绒球菊花，前几年哥伦比亚人还不知它为何物，但因市场需要，他们很快从国外引进种苗培育，如今这种花在哥伦比亚鲜花出口中已跃居前列。

哥伦比亚花卉生产经营模式配套化。哥伦比亚的花卉产业多为“市

---

① 李志．哥伦比亚的花卉产业（上）[J]．农村百事通，2004（6）：26.

场+服务性组织+花卉公司”的经营模式。其生产的花卉大部分用于外销，外销国家主要有美国、加拿大和欧洲各国。无论是外销还是内销，服务性组织都发挥着重要作用，它帮助生产者开拓、建立市场，解决销售问题和其他服务问题。为了保持新鲜性，哥伦比亚的外销花卉流通速度很快，一般在当天下午 3 点左右剪花，然后处理，第二天清晨就直接运送到销售目标国的机场进行拍卖，手续非常简单，这期间花卉出口商协会做了许多工作。因此，服务性组织对于建立哥伦比亚花卉生产和外销市场之间的联系有重大作用。

为加强花卉生产的宏观管理，做好花卉生产、销售、出口各个环节的协调工作，为花卉从业者搞好服务，哥伦比亚成立了全国花卉协会。全国花卉协会在市场维护和其他配套服务方面的作用可以总结为六点：一是收集世界各地的花卉生产、销售、科研等方面的最新信息，通过会刊及时通报给所有会员。二是保护花卉出口商的利益，聘请律师帮助会员解决在花卉出口过程中出现的各种纠纷和矛盾。三是聘请花卉栽培专家、植保工作者当技术顾问，开展科学研究，改善花卉种植环境，提高产量与质量。四是制定花卉生产的规划与计划，协调引导花卉生产者有计划地按市场需求生产花卉。五是开展技术培训，以不断提高花卉生产技术人员的技术素质和业务水平。六是向花卉业生产、经营者提供周到、细致的服务。哥伦比亚全国花卉协会为此还专门建立了一些附属机构，如病虫害防治实验室，专门研究病虫害的发生规律；又如温室，专门繁殖害虫天敌，实验生物防治方法。此外，全国花卉协会还有花卉种植资料中心、法律顾问处、技术顾问处等。①

(4) 厄瓜多尔花卉产业

厄瓜多尔共和国位于南美洲西北部。东北与哥伦比亚毗连，东南与秘鲁接壤，西临太平洋。海岸线长 930 千米。赤道横贯国境北部（国名即西班牙语“赤道”之意）。东西部属热带雨林气候，山区盆地为热带草原气候，山区属亚热带气候。领土面积约 25.6 万千米^2，人口

① 李志．哥伦比亚的花卉产业（下）[J]. 农村百事通，2004（7）：27－28.

1 693.8 万（2022 年）。①

厄瓜多尔地处赤道，该片土地含有丰富的氮、磷、钾等植物必需的营养元素，适合种植花卉。厄瓜多尔白天温暖，夜间凉爽，昼夜温差大，雨量丰沛，太阳辐射强，阳光直射并且全年日均日照约 12 小时，有利于优质花卉的生长。另外，厄瓜多尔气候相对温和，没有剧烈变化，是花卉生长良好的又一因素。由于优越的自然气候条件，厄瓜多尔可以种植诸多不同品种的鲜花，厄瓜多尔本地商人和外国投资商都认为这里是发展鲜切花生产的适宜之地。

厄瓜多尔花卉农场第一次花卉出口可以追溯到 1979 年。目前，厄瓜多尔是世界上仅次于荷兰和哥伦比亚的第三大切花出口国，2021 年，厄瓜多尔鲜花出口额约 9.3 亿美元。厄瓜多尔花卉出口商协会提供的数据显示，目前该国花卉种植面积 6 000 余公顷。玫瑰占所有花卉产品的 70%，其他各种花卉如满天星、金丝桃、绣球、紫罗兰和通常被称为“夏季花卉”的产品约占 25%，康乃馨和菊花约占 5%。② 厄瓜多尔鲜花 48%出口到美国，其中 74%是切花玫瑰，这也导致了厄瓜多尔与哥伦比亚在美国市场的激烈竞争，其余 52%主要销往荷兰、意大利和西班牙等欧洲国家。多年来，俄罗斯、乌克兰和该区域的其他国家一直是厄瓜多尔玫瑰的主要买家之一，需求量在每年的“三八妇女节”前后达到最大。而 2022 年“三八节”前俄乌冲突爆发，厄瓜多尔玫瑰出口受到影响。此后，厄瓜多尔花企开始更加积极探索日本、中国等其他新的目标市场。③

厄瓜多尔生产许多不同品种的花卉，其中玫瑰就有 300 多个品种，厄瓜多尔是玫瑰种植面积最大和颜色、品种最多的国家之一，是丝石竹类花卉的主要生产国，也是柠檬类、鹿舌草、紫菀和其他“夏季花卉”

---

① 厄瓜多尔国家概况［EB/OL］. 外交部官网，（2023－10）［2023－11］. https：//www.mfa.gov.cn/web/gjhdq_676201/gj_676203/nmz_680924/1206_681096/1206x0_681098/.

② 旷野，Marta P. 厄瓜多尔积极寻找新市场减轻俄乌冲突影响［J］. 中国花卉园艺，2022（11）：74－77.

③ 旷野．哥伦比亚、厄瓜多尔花卉栽培对比［J］. 中国花卉园艺，2019（15）：60－63.

种植面积最大的国家之一。厄瓜多尔的康乃馨-麝香竹花卉以其不同的品种、颜色、笔直的花秆和花卉绽放期长等特点闻名于世，且常年可供出口。菊花-丝绒球花卉因其颜色鲜而世界闻名。厄瓜多尔的热带花卉有100多个品种，以花卉形状多样、颜色多、体积大、剪摘后存活时间长、无须冷藏、强壮和耐经营中搬运等特点而著称，这些热带花卉的颜色鲜艳夺目，花期可长达10～15天，集中生长在瓜亚斯省、洛斯里奥斯省、马纳比省、埃斯梅拉达斯省、埃尔奥罗省、皮钦查省和亚马孙等地区。玫瑰则分布在厄瓜多尔中部从南到北的山区各省份，如卡尔契省、因巴布拉省、皮钦查省、科托帕克希省、通谷拉瓦省、钦博拉索省、卡尼亚尔省和阿苏艾省。

除优越的自然条件外，厄瓜多尔还拥有相当完善的技术和基础设施，可以确保花卉栽培业长期处于世界一流水平。在花卉业的科研和发展方面，厄瓜多尔投入较多，例如专门斥资引进有益菌类应对花卉的病虫害，开发生物控制方法应对蜘蛛对花卉的侵害，严格控制化肥的使用等。厄瓜多尔许多花卉苗圃都拥有国际组织授予的绿色标签认证，如德国绿色标签认证（德国花卉标签计划）及ISO9000和ISO14000质量体系认证。厄瓜多尔还在塔巴贡多地区兴建灌溉水渠，采用滴灌等方法解决缺水地区的花卉灌溉问题。厄瓜多尔几乎所有正规花卉企业的花卉苗圃都建有花窖、温室、暖房或恒温大棚，利用先进的技术为花卉提供单一、稳定的气候和营养条件，保证顶部有效的通风透气性能和充足的光线照射。厄瓜多尔出口商会在花卉出口等方面有着举足轻重的地位，约80%的花卉出口商是厄瓜多尔出口商会的成员。厄瓜多尔出口商会在推广厄瓜多尔花卉、开拓新市场、通过“花卉栽培学校”提供培训、制定必要的规章及遵守育种者花卉品种权利保护相关法规等方面发挥着积极作用。厄瓜多尔也推出了自己的可持续发展认证项目——FlorEcuador Certified®。厄瓜多尔在花卉种植方面具有先进技术和技术创新意识，其花卉企业均采用高水平的现代化管理方式，包括对员工的技术培训和有效利用资源方面都颇具特色。这些先进的种植、管理技术保证了花卉业的蓬勃发展和花卉出口的稳步增长。

据不完全统计，目前厄瓜多尔有种植和出口花卉的企业近 300 家。从事花卉种植和出口业的直接从业人员有 6 万人（其中有 3.6 万人是妇女），间接从事花卉业的约 15 万人。从事花卉业人员的待遇和社会福利水平高于农业从业人员的平均水平。[①] 花卉业已经成为厄瓜多尔应对移民压力的解决办法之一。花卉企业在提供智能培训、参与社区和地方政府的项目规划建设、推动和促进农业技术发展等方面发挥了重要作用，花卉业为提高人们的生活水平和为山区农村人口带来福祉作出了巨大的努力和贡献。

① 佚名．商务部：厄瓜多尔的花卉种植以及出口情况介绍［EB/OL］. 园林网资讯，(2005－11－04)［2023－12－20］. http：//news. yuanlin. com/detail/2005114/7362. htm.

6　非洲高山花卉*

6.1　非洲基本地理情况

非洲位于东半球西部，欧洲之南，亚洲以西，地跨赤道南北，东濒印度洋，西临大西洋，东北隔着红海和苏伊士运河与亚洲相望，北隔地中海与欧洲相望。非洲大陆东至哈丰角（东经 51°24′、北纬 10°27′），南至厄加勒斯角（东经 20°02′、南纬 34°51′），西至佛得角（西经 17°33′、北纬 14°45′），北至吉兰角（东经 9°50′、北纬 37°21′）。面积约 3 037 万千米^2（包括附近岛屿），约占世界陆地总面积的 20.4%，仅次于亚洲，为世界第二大洲。

非洲大陆北宽南窄，呈不等边三角形状。南北最大跨度约 8 100 千米，东西最大跨度约 7 500 千米。非洲大陆平均海拔为 750 米。地形以高原为主，因高原面积广阔而被称为“高原大陆”，海拔 500～1 000 米的高原占全洲面积的 60%以上，海拔 2 000 米以上的山地和高原约占全洲面积的 5%，海拔 200 米以下的平原多分布在沿海地带。地势大致以刚果河河口至埃塞俄比亚高原西北边缘一线为界，东南半部较高，西北半部较低。东南半部被称为“高非洲”，高原海拔多在 1 000 米以上，有埃塞俄比亚高原（海拔 2 000 米以上，有“非洲屋脊”之称）、东非高原和南非高原，在南非高原上有卡拉哈迪盆地。西北半部被称为“低非洲”，大部分为低高原和台地，海拔多在 500 米以下，有刚果盆地和乍得盆地等。非洲较高大的山脉多矗立在高原的沿海地带，西北沿海有阿特拉斯山脉，东南沿海有德拉肯斯山脉，东部有肯尼亚山和乞力马扎

* 撰稿人：李露，莫楠，姚黎。

罗山。乞力马扎罗山是座活火山，海拔 5 895 米，为非洲最高峰。非洲东部的东非大裂谷是世界陆地上最长的裂谷带。裂谷带东支南起莫桑比克海峡沿岸的希雷河河口，经马拉维湖，向北纵贯东非高原中部和埃塞俄比亚高原中部，经红海至死海北部，长约 6 400 千米；裂谷带西支南起马拉维湖西北端，经坦噶尼喀湖、基伍湖、爱德华湖、艾伯特湖，至艾伯特尼罗河河谷，长约 1 700 千米。非洲的沙漠面积约占全洲面积的三分之一，为沙漠面积最大的洲。撒哈拉沙漠是世界最大的沙漠，位于非洲北部，北部边缘延伸到地中海沿岸，南部则与苏丹等国的草原和稀树草原相接。在阿特拉斯山脉和地中海以南（约北纬 35°），约北纬 14°以北，总面积约 932 万千米^2，约占非洲总面积的 32%。尽管非洲的海岸线相对平直，但其长度仍然达到约 26 000 千米。

非洲有“热带大陆”之称，气候特点是高温、少雨、干燥，气候带分布呈南北对称状。赤道横贯中央，气温一般从赤道开始随纬度增加而降低，全洲年平均气温在 20 ℃以上的地区约占全洲面积的 90%。非洲的气候类型多样，分布着热带雨林气候、热带草原气候、热带沙漠气候和地中海气候。非洲降水分布极不平衡，有的地区终年几乎无雨，有的地区年平均降水量超过 10 000 毫米。非洲大陆约有三分之一的地区年平均降水量不足 200 毫米，然而在非洲的东南部、几内亚湾沿岸及山地的向风坡，由于地形和气候因素的影响，降水量则相对较多。

6.2 主要山脉

(1) 阿特拉斯山脉

阿特拉斯山脉位于非洲西北部，从摩洛哥大西洋沿岸绵延至突尼斯的舍里克半岛，山脉全长超过 2 000 千米，将地中海西南岸与撒哈拉沙漠分隔开，面向大西洋的一侧为亚热带地中海气候区。阿特拉斯山脉呈东北—西南走向，包括北部的泰勒阿特拉斯山脉和南部的撒哈拉阿特拉斯山脉。阿特拉斯山脉形如拉长的椭圆形，在山脉与山脉之间分布着广阔的平原和高原综合体。阿特拉斯山脉形成摩洛哥东部和阿尔及利亚北部广阔高原的边缘。

阿特拉斯山系由多个区域组成。小阿特拉斯山脉作为山系的最西端，完全在摩洛哥境内。它从西南方向延伸至大西洋，至摩洛哥两个最重要的绿洲地区——瓦扎扎特和塔菲拉特。该区域以干旱的岩石景观闻名，点缀着零星的绿洲和湖泊。高阿特拉斯山脉为阿特拉斯山系西段主脉，横跨摩洛哥全境，并向西延伸至大西洋，其东侧则与阿尔及利亚相邻。最高峰图卜卡勒山海拔 4 165 米，是北非地区最高峰。该区域风景壮观、多样。北坡和西坡坡度平缓，雨量充沛，游牧民族柏柏尔人居住于此区域。南坡较干旱，植被稀少，岩石裸露，常年受风化作用影响，形成了独具特色的地貌景观。中阿特拉斯山脉为阿特拉斯山系西段西支，拥有温暖、湿润的气候。这里茂密的雪松林是众多生物理想的栖息地，并孕育了丰富的花卉资源。泰勒阿特拉斯山脉是山系北部的重要山脉，绵延 1 600 千米，横跨摩洛哥、阿尔及利亚和突尼斯，山脉北坡属地中海气候，多森林、果园、葡萄园，特产为栓皮栎，山脉南部是半干旱地区。作为阿特拉斯山脉体系的一部分，撒哈拉阿特拉斯山脉大部分位于阿尔及利亚，并向东延伸至突尼斯，构成撒哈拉沙漠北部的一部分边界。该山脉地形特征主要为单面山和桌状山，且其大部分地区属于半荒漠气候。

阿特拉斯山脉位于两种不同气团的会合点——来自北部的湿冷极地气团和来自南部的干热带气团。摩洛哥因此成为地表水和地下水相对丰富的国家，阿特拉斯山脉在其中扮演了“天然水塔”角色。中阿特拉斯山地区的年平均降水量可达 1 000 毫米，高阿特拉斯山的北坡年平均降水量也达到 500 毫米。[①] 阿特拉斯山脉地区的土壤受侵蚀且植被相对稀少，但在湿润的森林中，栓皮栎等植物生长茂盛，且与野草莓灌木丛和杜鹃花灌木丛等共同构成了多样化的生态系统。摩洛哥作为芍药的原产地之一，在阿特拉斯山脉500～2 000 米海拔范围内拥有丰富的芍药资源，其中，出口的切花芍药中大约有 30%销往荷兰市场，40%销往美国市场，15%销往中东市场。[②]

---

① 米清青．阿特拉斯山承载着神山圣山绿山的美誉［J］．中国地名，2012（11）：54－55.

② 旷野．摩洛哥占领国际芍药切花市场［J］．中国花卉园艺，2014（15）：60－61.

（2）德拉肯斯山脉

德拉肯斯山脉是非洲南部主要山脉，为南非高原边缘大断崖的组成部分，又称喀什兰巴山或龙山山脉。该山脉从南非东部起，贯穿斯威士兰西部和莱索托东部，延伸到东开普省东南部，略呈弧形，绵延约 1 200 千米，将斯威士兰、夸祖鲁—纳塔尔省与姆普马兰加省、自由邦省、莱索托隔开。山脉大部分海拔超过 3 000 米。北段主要由经过强烈风化的古老花岗岩和深受侵蚀的卡鲁系砂岩、页岩组成，因此山体相对破碎，地势较低；南段被坚硬的玄武岩层覆盖，这使得南段山势高峻。莱索托境内的塔巴纳恩特莱尼亚纳山海拔 3 482 米，是南部非洲最高峰。

德拉肯斯山脉两侧呈阶梯状降低。东坡陡峻，受多条河流切割，地形崎岖破碎。面迎印度洋湿润气流，年平均降水量 1 000～1 500 毫米，局部达 2 000 毫米。海拔 1 200 米以下地区多数被开垦为农田，在海拔 1 200～1 800 米地区，常绿林生长茂密，在海拔超过 1 800 米的地区有高山草地。山脉西坡平缓，微向内陆高原倾斜，因地处背风位置，气候偏旱，平均年降水量在 750 毫米以下，多草原和灌丛，山脉两侧农业特点迥异，东南侧沿海低地和丘陵是甘蔗、菠萝重要产区，西侧内陆高原是禾谷类作物产区。

（3）肯尼亚山

肯尼亚山是东非大裂谷最大的死火山，位于肯尼亚中部，赤道线上，距内罗毕东北约 193 千米。最高峰海拔 5 199 米，是仅次于乞力马扎罗山的非洲第二高峰。肯尼亚山地处东非热带地区，东北角最低处海拔仅为 1 200 米左右。全年气候分明，有两个雨季和两个旱季，3—6 月为雨季，7 月为短旱季，8—11 月是另一个雨季，12 月至来年的 2 月为长旱季。随海拔及坡向不同，降水量也不同，以东南坡向为例，年平均降水量在 900 至 2 300 毫米不等，3—6 月和 10—11 月降水量最大。在山的东南坡海拔 1 850～3 000 米地带，年平均降水量在 2 500 毫米以上；在西坡海拔 3 000～3 600 米地带，年平均降水量为 1 500～2 000 毫米；在北坡海拔 3 000～4 000米地带，年平均降水量为 800～1 200 毫米。肯尼亚山年平均气温低至2℃，3—4月最低，7—8月最高。昼夜温差大，1—2月达20℃左右，7—8月达12℃左右。

肯尼亚山植被随降水量和海拔高度的变化而变化。海拔在1 700米以下的干旱地区，主要是灌木和一些人为种植带，这些地区受人为影响较大，充斥着大量外来植物；在海拔1 700～2 400米，西坡较为干旱地带，非洲圆柏和罗汉松占优势，南面、东面和东北面由于降水量较大，森林茂盛，生长着大量东非热带代表植物；在海拔2 400～3 000米地带，主要分布着竹林、罗汉松—竹混生林或苦树花—竹混生林；在海拔3 000～3 500米地带，分布着欧石楠林；海拔3 500米以上直至雪线为高山植被带；雪线直到山顶罕有植物分布，为高山荒漠。[①]

(4) 乞力马扎罗山

乞力马扎罗山是非洲最高的山脉，位于坦桑尼亚东北部，邻近肯尼亚边境，距赤道仅300多千米，是坦桑尼亚和肯尼亚的分水岭。该山的主体沿东西向延伸近80千米。乞力马扎罗山素有“非洲屋脊”之称，而许多地理学家则喜欢称它为“非洲之王”。乞力马扎罗山国家公园和森林保护区占据了整个乞力马扎罗山及周围的山地森林。乞力马扎罗山国家公园由林木线以上的所有山区和穿过山地森林带的多个森林走廊组成。乞力马扎罗山由基博、马文济和希拉3座主要火山组成。基博和马文济两峰之间由一个十多千米长的鞍状山脊相连。乞力马扎罗山乌呼鲁赤道峰顶有一个直径2 400米、深200米的火山口，口内四壁是晶莹无瑕的巨大冰层，底部耸立着巨大的冰柱，冰雪覆盖，宛如巨大的玉盆。山麓的气温有时高达59℃，而峰顶的气温又常在－34℃，故有“赤道雪峰”之称。[②]

乞力马扎罗山由于降水和雪积累，水源充足。由山脚向上至山顶，显示出由热带雨林气候至冰原气候的垂直变化。在海拔1 000米以下为热带雨林带，海拔1 000～2 000米为亚热带常绿阔叶林带，海拔2 000～

---

① 周亚东. 东非肯尼亚山维管束植物多样性调查和编目［D］. 北京：中国科学院大学，2017.

② 地球在线. 乞力马扎罗山简介［EB/OL］. ［2023-08-27］. https：//www.earthol.com/fun-1-kilimanjaro.html.

3 000 米为温带森林带，海拔 3 000～4 000 米为高山草甸带，海拔 4 000～5 200 米为高山寒漠带，海拔 5 200 米以上为积雪冰川带。在温带森林带，南部的年平均降水量达 2 000 毫米，北部和西部不足 1 000 毫米，是植物的最佳生长地区，也是所有低坡地区水源的主要供应地，乞力马扎罗山 96%的水都来自森林带。在高山草甸带，森林边缘地带的年平均降水量约为 1 300 毫米，而在草甸带的上部地区，年平均降水量约为 530 毫米，分布着石南属植被和各式各样的野花，包括德肯尼半边莲和乞力马扎罗千里光。高山寒漠带年平均降水量约为 250 毫米，夜间气温常在 0 ℃以下，白天则升至 30 ℃。由于水资源匮乏，几乎没有土壤可以保持仅有的水分。根据记录，只有五十余种植物可以在这个海拔高度生存。这里长有一定数量的地衣、生草丛和苔藓。在海拔 5 000 米以上地带，年平均降水量在 100 毫米以下，气候特征为夜晚寒冷、白天酷热，空气含氧量为海平面的二分之一。该地带液体地表水最少，一方面是因为降水少，另一方面是因为其地质组成都是无法蓄水的多孔岩石。这里阴冷荒凉，所拥有的生命形式也是乞力马扎罗山最少的。有少量地衣，以每年 1 毫米的速度生长，因此即使是毫不起眼的一小片绿地也是经过了许多年才聚集而成。根据记录，这里长生海拔最高的开花植物是蜡菊，它在基博火山口里曾长在海拔 5 670 米处，极为罕见。乞力马扎罗山的顶峰以前曾完全被冰雪覆盖，冰川厚度超过 100 米，并且一直向下延伸，直至海拔 4 000 米以下。而现在由于山顶降水量不足以与融化而失去的水量保持平衡，乞力马扎罗山顶的冰川已大幅缩减，目前仅剩下有限的区域被冰川覆盖。许多科学家认为这是全球变暖、气候周期变化的结果，也有科学家认为是火山增温，加速了融冰过程，无论什么原因引起冰川的后退都令人担忧。[①]

6.3 主要高山花卉资源

非洲的山脉生物多样性非常丰富，高山花卉资源代表性强，本部分

① 世界自然遗产：乞力马扎罗国家公园［EB/OL］.［2023-08-27］. http://www.71.cn/2014/0418/765773.shtml.

内容以肯尼亚山的高山花卉种类为主，引自《非洲常见植物野外识别手册：肯尼亚山》[1] 和《肯尼亚常见植物》[2]。

伞形科（Apiaceae），单伞芹属（*Haplosciadium*），*H. abyssinicum*，矮生的多年生草本，常见于海拔 2 150～4 600 米的沼泽地。根茎粗壮。叶基生，莲座状，羽状分裂。伞形花序，花序梗长可达 9 厘米。花瓣白色或略带紫色。

阿福花科（Asphodelaceae），火把莲属（*Kniphofia*），汤姆逊火把莲（*K. thomsonii*），多年生草本，生长于海拔 1 900～3 960 米的山地草原和沼泽地。根茎粗。叶基生，莲座状，披针形到线状披针形。花茎长 30～300 厘米，总状花序疏松到致密，长 7～40 厘米，花黄色到红色，具稍弯曲的花被筒。

菊科（Asteraceae），春黄菊属（*Anthemis*），*A. tigrensis*，匍匐草本，生长于海拔2 500～4 300 米的山地路边、林缘或沼泽地。高约 30 厘米。叶二或三羽状全裂，披针形到长圆形。柱头单生，顶生，射线小花白色，里圈花盘小花黄色。飞廉属（*Carduus*），肯尼亚飞廉（*C. keniensis*），无茎草本，常见于海拔 2 950～4 570 米的山地草原、沼泽地或荒原地带。高约 2.4 米。叶多刺，羽状浅裂，长圆形或倒披针形。柱头 5～10 个，密集排列为顶生金字塔簇。小花多数，粉红色或淡紫色。*C. schimperi* subsp. *platyphyllus C. schimperi*，常见于海拔3 000～4 300 米的荒地或沼泽地。叶基生，莲座状，倒卵形到宽卵形，羽状半裂。花冠长 1.5～1.7 厘米。千里木属（*Dendrosenecio*），银绒千里木（*D. battiscombei*），多年生巨型莲座丛植物，主要分布在海拔 2 950～4 000 米的沼泽和河岸。高约 7 米，木质树干直径达 35 厘米。叶狭椭圆形到倒披针形，叶背银白色密被绒毛。头状花序黄色。矮千里木（*D. keniensis*），常见于海拔 3 300～4 275 米的山地潮湿的地方。高达 1.5 米。

---

① 周亚东，胡光万，Geoffrey Mwachala，等．非洲常见植物野外识别手册：肯尼亚山［M］. 武汉：湖北科学技术出版社，2018.

② 王青锋，周亚东，胡万光，等．肯尼亚常见植物［M］. 武汉：湖北科学技术出版社，2017.

叶莲座状，倒披针形到椭圆形，具齿，叶背银白色，密被奶油色厚绒毛，头状花序，分枝末端的头状花序大都俯垂。无舌千里木（*D. keniodendron*），主要分布在海拔 3 650～4 350 米山地潮湿的地方。高约 7 米，树干直径可达 50 厘米，被悬挂的枯叶覆盖。叶多数，莲座状，在茎顶部拥挤，倒披针形，具齿。头状花序，由管状花组成，每个管状花具有显著的柱头，头状花序整体长度可达 2.5 米。乞峰千里木（*D. kilimanjari*），生长在乞力马扎罗山海拔 3 600～4 300米的地带。[①] 树高一般在 3 米以上，最高可达 10 米。叶子聚生在枝顶，螺旋状排列。茎顶花序巨大，长、宽均可达 1 米，每个大型花序上都有无数个小的黄色头状花序。枯萎的叶子凋而不落，包裹茎干。单托菊属（*Haplocarpha*），卢氏单托菊（*H. rueppelii*），多年生草本，具有厚块茎状根。常见于海拔 2 550～4 650 米的山地草原、沼泽地或石南地带的潮湿地区。叶莲座状，卵形或披针形到倒卵形。头状花序，花茎长可达 13 厘米。射线小花 8～16 朵，黄色。拟蜡菊属（*Helichrysum*），*H. brownei* S. Moore，小灌木，常见于海拔 3 300～4 500 米的石南地带以上的岩石区。高 0.3～1 米。叶互生，灰绿色，无柄，被绒毛，线形。顶生聚伞花序，花瓣白色，披针形，中部小花黄色，每个小花具有单个柱头。*H. chionoides*，高约 2.4 米的灌木状草本，常见于海拔 2 800～4 000 米的沼泽地或其上层竹区。叶无柄，线形至狭椭圆形，有毛，上面灰绿色，下面被白色毛。顶生紧密的伞房花序，花瓣白色，披针形，小花黄色。*H. citrispinum*，灌木状草本，生长于海拔 3 000～4 500 米的高山岩石地带。高约 1.2 米，通常具刺。叶灰绿色，无柄，被绒毛，线形。柱头白色，长 1～1.8 厘米，伞房花序顶生，极罕单生。极丽蜡菊（*H. formosissimum*），草本（基部常木质）或灌木，高约 2 米。常见于海拔2 300～4 200 米的山地。叶卵形到披针形，有毛。多数顶生伞房花序。花白色、粉红色或红色。*H. meyeri-johannis*，多年生草本，常见于海拔 2 900～4 600 米的山地草原、荒地或沼泽地。高可达 65 厘米左右。

---

① 刘冰．情迷东非：惊奇植物之旅［J］．知识就是力量，2018（8）：26-29.

基生叶莲座状，倒卵形。具有伞房花序，花白色、粉红色或红色。千里光属（*Senecio*），*S. keniophytum*，多年生草本，常见于海拔 3 700～5 000 米的山地多石处，通常在冰川和溪流旁。叶倒披针形到线形，叶边缘锯齿状。具有 1～5 个顶生的总状花序。玫红千里光（*S. roseifllorus*），高可达 1.5～2.4 米的草本（基部常木质）或灌木，常见于海拔 2 900～4 200 米的山地草原、荒地或沼泽地。叶无柄，长圆状披针形，叶边缘具圆齿或粗齿。顶生伞房花序，花色为紫色或淡紫色。沃尔肯千里光（*S. telekii*），匐地生长，分布于海拔 3 350～5 400 米的乞力马扎罗山和梅鲁山的高海拔地区。[①] 叶片被银色绒毛覆盖，开圆盘状小黄花。

十字花科（Brassicaceae），南芥属（*Arabis*），圆锥南芥（*Arabis paniculata*），二年生草本，常见于海拔 2 450～4 950 米山地荒原的岩石地带。有匍匐根状茎，褐色，被毛。叶片长椭圆形，边缘具疏锯齿。总状花序顶生或腋生，萼片卵圆形，花瓣白色，长 5～8 毫米。碎米荠属（*Cardamine*），碎米荠（*C. occulta*），一年生草本，分布在山地森林潮湿的地方或沼泽地，海拔可达4 600米。高约 30 厘米。基生叶莲座状，羽状分裂，花白色，具紧密顶生总状花序。*C. obliqua*，多年生草本，常见于海拔 2 000～4 900 米的山地森林、竹林、石南地带或沼泽地。高约 1.2 米，有匍匐茎。叶莲座状，呈羽状分裂，叶长圆形。总状花序顶生，5～30 花。花瓣白色到粉红色。钻叶荠属（*Subularia*），非洲钻叶荠（*S. monticola*），小型水生或半水生草本，常见于海拔2 750～4 750 米的山地水边或溪水边。高 16 厘米。叶莲座状。总状花序，花小，白色，5～10 花。

桔梗科（Campanulaceae），半边莲属（*Lobelia*），竹林硕莲（*L. bambuseti*）灌木，常见于海拔 2 700～4 000米的竹丛，高可达 8 米，茎中空，无分枝。叶披针形。花序圆柱状，长1～2 米，花螺旋状在花序

① 刘冰．野性非洲的 N 种邂逅［EB/OL］.［2021－10－31］．https：//self.kepu.net.cn/self_yj/202109/t20210930_495307.html.

轴上密生，花冠白色。大苞硕莲（*L. gregoriana*），草本，常见于海拔2 440～4 350米的山地沼泽地。高可达3.5米。茎无分枝，中空。叶线形到披针形，莲座状。花序圆柱形，多花，苞片卵形到披针形，长可达11厘米。花冠蓝色到紫罗兰色，长2.5～3厘米。蓬头硕莲（*L. telekii*），多年生草本，常见于海拔2 950～4 550米的草地或沼泽地。高可达4米。茎中空。叶基生，莲座状，线状披针形。花序不分枝，紧密，花萼近圆柱状，花冠带绿色或紫色。蓝花参属（*Wahlenbergia*），*W. krebsii* subsp. *arguta*，多年生草本，生长在海拔4 000米的山地森林边缘、草原或沼泽地。高约50厘米。叶线形至倒披针形或倒卵形。花序通常紧密，花下垂，白色到蓝色或紫色。*W. pusilla*，小型的多年生垫状草本，生长于海拔2 800～4 500米的山地草原或沼泽地潮湿的地方。具有细长的根状茎。叶基生，莲座状，无柄或近无柄，有毛，倒披针形。花单生，腋生，白色或淡蓝色。

忍冬科（Caprifoliaceae），川续断属（*Dipsacus*），半羽裂续断（*D. pinnatifidus*），多年生直立草本，常见于海拔2 000～3 950米的高地草原或河岸植被中。高可达3米。叶披针形，边缘齿状或羽状。花序头状或球状，直径2～4（4.5）厘米，多花，苞片顶端具脊，花萼杯状，花冠白色或乳白色，长6～15毫米，被短柔毛，4裂。缬草属（*Valeriana*），*V. kilimandscharica*，多年生亚灌木，分布于海拔2 800～4 570米的山地沼泽地、草地或荒地的潮湿地带。高可达90厘米。根状茎，茎直立。叶倒卵形至椭圆形。花白色至粉红色或红色，紧密组成球状花序。

石竹科（Caryophyllaceae），卷耳属（*Cerastium*），*C. afromontanum*，多年生或一年生草本，常见于海拔2 300～4 000米的山地草原、沼泽地或灌木丛中。高可达40厘米。茎具柔毛和腺。叶对生，无柄，卵形到披针形。花单生在侧叶腋或很少在顶生聚伞花序中，萼片具腺柔毛，长4～7毫米。花瓣白色，长8～11毫米，先端稍有缺刻。漆姑草属（*Sagina*），*S. abyssinica*，多年生草本，分布于海拔2 100～4 500米的山地沼泽地。叶基生，莲座状，或在花枝上对生，线形到钻形。聚伞花序，花瓣紫色，长约 2 毫米。蝇子草属（*Silene*），*S. burchellii*，多年生草本，分布于山地草原或沼泽地的岩石和荒地中，海拔可达 4 350 米。高可达 40～70 厘米，有块茎状根。叶线形到狭披针形，先端锐尖。总状花序，花萼管状，长 1.1～3.5 厘米，花瓣白色、淡粉红色、奶油色或紫色。

景天科（Crassulaceae），景天属（*Sedum*），青锁龙景天（*S. crassularia*），一年生蔓生草本，分布于海拔 3 470～4 200 米的沼泽地的岩石地带。茎长可达 5～10 厘米。叶互生或对生，无柄，肉质，倒卵形。聚伞花序，花少，4～5 花。花萼管状近钟形，浅裂。花瓣白色，离生，宽倒卵形，长约 2 毫米。*S. ruwenzoriense*，多年生木质状草本或小灌木，常见于海拔 2 400～4 500 米的山地森林、荒地或沼泽地。高可达 30 厘米。叶无柄，肉质，长圆形到卵球形。花少，顶生聚伞花序。花萼具裂片，长 2.5～6 毫米，花冠裂片黄色。

杜鹃花科（Ericaceae），欧石南属（*Erica*），烟斗石南（*E. arborea*），灌木，常见于海拔1 600～4 500 米的山地森林、竹林、草地或沼泽地。高可达 7.5 米。叶轮生，每节 3～4 叶。花簇生在侧小枝的顶部，花冠白色或粉红色，钟状，4 裂。棉絮四蕊石南（*E. filago*），灌木。分布于海拔 2 700～4 350 米的山地沼泽地。高可达 40 厘米。叶灰绿色，叶轮生，每节 3～4 叶，狭卵形到披针形，具腺毛。花冠紫粉色，4 裂。林生四蕊石南（*E. silvatica*），矮生小灌木，分布于海拔 1 350～4 500 米的山地草原、竹区、荒地或沼泽地。高可达 40 厘米或更高。叶轮生，每节 3～4 叶，狭椭圆形到披针形，具腺毛。花 4 瓣，粉红色，多数在短的侧枝上。肯尼亚三萼联臂石南（亚种）（*E. trimera* subsp. *keniensis*），灌木。分布于海拔2 800～4 500 米潮湿的地方。高可达 2 米。叶轮生，线形到长圆形。花簇生于分枝末端，每簇4～12 朵；花冠白色或带红色，具 4 个裂片；花萼也具 4 个裂片。花 4 瓣。果实带红色，近球形。

豆科（Fabaceae），腺果豆属（*Adenocarpus*），非洲腺果豆（*A. mannii*），灌木。生长于山地森林边缘、草原或沼泽地，海拔可达 4 000

米。高可达 4.5 米。掌状复叶，具 3 片近等长的小叶，小叶椭圆形，下表面密被柔毛。花黄色，6～20 朵，组成紧密的顶生总状花序。荚果具短喙，长圆形，长 18～25 毫米，内含 2～8 枚种子。车轴草属（*Trifolium*），*T. burchellianum*，多年生草本，有主根。常见于山地草原、沼泽地或森林边缘，海拔可达 3 950 米。托叶长圆状披针形，复叶。花序球形，直径可达 3 厘米。花萼管状，花萼裂片呈三角形，花冠紫色。果实为倒卵形荚果。*T. cryptopodium*，多年生草本，常见于海拔2 100～4 200 米的山地林缘、沼泽地或高山地带的潮湿地方。有厚的木质根茎。托叶长约 8 毫米。叶倒卵形至楔形。花紫色，近聚伞花序。

龙胆科（Gentianaceae），獐牙菜属（*Swertia*），*S. crassiuscula*，多年生草本，分布在海拔 2 700～4 500 米的山地荒原或荒地。具有粗根和匍匐茎。基生叶莲座状，叶匙形。花冠裂片 4～7，组成短总状花序。花萼裂片稍不等长，最长可达 1.1 厘米。花冠白色，内部具蓝色脉，花冠管短，裂片长 0.9～2.7 厘米，基部有 2 个蜜腺。*S. volkensii*，多年生草本，生长于海拔 2 850～4 500 米的荒原。高可达 16 厘米。基生叶莲座状，披针形到椭圆状披针形，茎小，被叶子包围。顶生聚伞花序，花冠白色，具略带紫色的棕色背条纹，裂片 5 个，具单个蜜腺。

鸢尾科（Iridaceae），唐菖蒲属（*Gladiolus*），弯管唐菖蒲（*G. watsonioides*），多年生草本，常见于海拔 2 000～4 200 米的山地森林、竹区、荒地、草原或沼泽地。高可达 1 米或更高，具直径 1.5～2 厘米的球茎。叶 5～7，线形到披针形。花具弯曲的筒部，鲜红色，长穗状花序 3～14。沙红花属（*Romulea*），*R. fischeri*，多年生草本，常见于海拔 1 550～3 800 米潮湿多石的高山草原。高可达 12 厘米，具球状茎，直径约 7～10 毫米。叶 2～5，线形至长圆形，长约 8～15 厘米。茎短，单生或分枝。长花序梗，顶端单生花。苞片绿色，花蓝色、紫色或紫罗兰色，中心黄色。

唇形科（Lamiaceae），姜味草属（*Micromeria*），*M. imbricata*，芳香的木质化草本或亚灌木，常见于路边、森林边缘或山地沼泽地，海拔可达 4 000 米。高约 1 米。叶近圆形或椭圆形。聚伞花序，每个花序 1～3

花。花萼唇形特征不明显，长 2～5 毫米。花冠紫罗兰色，略带紫色或有时白色。罗勒属（*Ocimum*），*O. decumbens*，芳香的木质化草本或灌木，常见于山地草原或灌木丛，海拔可达 4 000 米。高可达 1.5 米。叶卵形到圆形。花 6～9 轮生，粉红色或白色；花萼长 3～5 毫米，在果期伸长；花冠长 0.7～1.4 厘米。鼠尾草属（*Salvia*），*S. merjamie*，多年生芳香草本，常见于山地海拔 2 250～4 100 米的草原或高山沼泽地。高 0.1～1 米。叶基生或茎生，不规则具圆齿到羽状浅裂。花冠蓝色到淡紫色。

兰科（Orchidaceae），萼距兰属（*Disa*），石南萼距兰（*D. stairsii*），陆生或很少附生草本，分布于海拔 2 100～4 200 米的山地草原、沼泽地或多岩石的地方。高约 80 厘米，没有块茎。叶 11～15，披针形，长可达 45 厘米，宽 1～4 厘米。花序穗状圆柱形，长可达 32 厘米；苞片多叶，披针形，长 2～6 厘米；花粉红色。

山龙眼科（Proteaceae），帝王花属（*Protea*），乞峰帝王花（*P. caffra* subsp. *kilimandscharica*），灌木，分布在海拔 2 500～3 800 米的荒原或荒地的岩石斜坡上。高达 3.5～6 米。叶螺旋排列，无柄到具短叶柄，狭椭圆形到狭倒披针形，基部楔形或钝，先端钝。花序头状，苞片层层叠加。花多数，白色。

毛茛科（Ranunculaceae），银莲花属（*Anemone*），*A. thomsonii*，多年生草本，生长于海拔 2 500～4 000 米的山地草原、荒地或沼泽地的潮湿地带。根状茎短而粗壮。叶深裂，末级裂片长圆形。花通常单生，花梗长 2.5～6.5 厘米，花瓣外表面粉红色、红色或紫色，内表面通常白色。翠雀属（*Delphinium*），*D. macrocentrum*，草本，生长于山地草原或竹林，海拔可达 3 900 米。高约 1.8 米。叶深裂，圆形。花 3～10，顶生总状花序，两侧对称；萼片 5，蓝色；花距粗壮而直，长 2.5～3 厘米。毛茛属（*Ranunculus*），*R. oreophytus*，多年生草本。生长于海拔 2 240～4 350 米的山地草原湿地、荒地或沼泽地。叶基生，莲座状，小叶 2～4 对，椭圆形，有齿或浅裂。花单生，黄色，直径约 1 厘米，花梗长 0.5～10 厘米。

蔷薇科（Rosaceae），羽衣草属（*Alchemilla*），银叶羽衣草（*A. argyrophylla*），灌木，常见于海拔 2 250～4 500 米的沼泽地。高可达 2.5 米。叶深裂 3，托叶红色，盘状，膜质。花小，两性，5～7 在腋生花序中。叠伞羽衣木（*A. johnstonii*），灌木，常见于海拔 2 400～4 400 米的山地森林边缘、竹林、草地或沼泽地的潮湿沼泽地带。茎匍匐，分枝直立或平卧。托叶叶质，叶 3～7，浅裂，外形圆形到肾形。花黄绿色，很少，短圆锥花序，具三角形的花萼裂片。

檀香科（Santalaceae），百蕊草属（*Thesium*），乞峰百蕊草（*T. kilimandscharicum*），匍匐草本，生于海拔 2 200～4 200 米的山地草原、石南灌丛和亚高山地带。长可达 40 厘米。叶线形。花白色或黄绿色，单生，或 3～5 腋生；花被裂片，三角形。果实橙红色，椭圆形球状，长 1.5～2 毫米。

玄参科（Scrophulariaceae），翘掌花属（*Hebenstretia*），安哥拉翘掌花（*H. angolensis*），多年生直立草本，常见于山地草原、荒地或沼泽地，海拔可达 4 000 米。高可达 50 厘米或更高。叶线形，长1～7 厘米。穗状花序，长可达 10～16 厘米；花冠白色，喉部橙色到红棕色，长 8～12 毫米。毛蕊花属（*Verbascum*），短柄毛蕊花（*V. brevipedicellatum*），二年生草本，生长于海拔 1 700～4 100 米的山地森林或草原。高可达 2.5 米。下部叶具叶柄，长圆状披针形，上部叶近无柄到抱茎。花序总状，顶生；花冠黄色，花丝红紫色。蒴果卵球形，直径 6～8 毫米。

6.4 资源保护与利用

6.4.1 资源保护与利用概况

非洲国家有各种各样的气候和地形，是植物和动物的王国。有许多种子库和植物园收集保存着非洲地区的野生植物种质资源。以南非为例，南非环保部门与地方政府合作，先后在全国范围内确定了 400 余个环保区。这些区域大都以野生动植物比较集中的国家公园、风景名胜和文化古迹为基本特色，同时建立起与之相适应的研究机构，总占地面积超过 670 万公顷。除大面积的自然保护区外，一些大中城市还利用自身地理和资金优势，建立起一批形式各异的植物园。其中，设在行政首都的比勒陀利亚国家植物园收集有近百万种非洲及世界各地的植物标本，其数量为南半球同类植物园之最。①

比勒陀利亚国家植物园，位于南非豪登省比勒陀利亚的东部，种植着南非特有的亚热带和温带植物，种植区有苏铁园、肉质植物园、芦荟种植园等。600 多种开花植物和众多的爬行动物及哺乳动物在这里和谐共生。南非的克斯腾伯斯国家植物园和比勒陀利亚国家植物园，收集的植物达 5 000 多种。

约翰内斯堡植物园，位于南非最大的城市约翰内斯堡。地处海拔约 1 800 米的非洲内陆高原，昼夜温差大，但气候温和，夏天平均气温在 20 ℃左右，冬天在 11 ℃左右。该植物园每年和世界各地植物园进行 3 000 多份种子交换，共收集有 2 万多种植物。园区有草本植物园、月季园、绿篱展示区、高山植物室、多肉植物收集区等区域，收集展示了多种非洲传统药用植物、高山植物、多肉植物等。

克斯腾伯斯国家植物园，位于南非开普敦市桌山的东坡，靠山望海，是南非具有代表性的植物园。属于世界六大植物区系之一的开普植物区，这里有 8 500 多种植物，其中相当一部分是特有种。园区包含南非植物学会展览温室、药用植物园、香园、帚灯草园、欧石南园、山龙眼园、半岛园等区域，收集展示了高山植物、蕨类植物、旱生植物、生石花、球根植物、帝王花、欧石南等。

南非开普植物区，以丰富的生物多样性闻名遐迩，其高山硬叶灌木群落、湿地公园中的奇花异草等使此地享有南非植物王国的美誉。它是唯一的在一个国家范围内植物物种最丰富、完整的植物区系区——它拥有 9 600 个植物物种，其中 70%是世界上其他地方难以见到的特有物种。如在高山硬叶灌木群落中大多是矮小浓密的灌木丛，也有高大的普

---

① 尹会荣．走进绚丽多彩的植物王国：南非［J］．河北林业科技，2008（6）：74－76.

洛蒂亚木、老鹳草属和有浓郁芳香的香雪兰属植物。

6.4.2 非洲花卉产业

20 世纪 90 年代，发达国家花卉生产成本逐步提高，花卉产业转移，随之肯尼亚、埃塞俄比亚、津巴布韦等非洲国家开始发展花卉产业。这些国家的气候、光照和海拔条件，特别适合鲜花生长。鲜花种植、出口产业为这些国家带来了利好，推动了农业生产技术的普及，增加了商业出口利润等。同时，由于从事鲜花种植采摘的多为女性，也提升了非洲女性的社会地位和经济水平。在过去的 50 年里，非洲尤其是东非地区已经逐渐发展成为全球重要的花卉生产地，而其中肯尼亚和埃塞俄比亚是非洲花卉产业的领跑者。

(1) 肯尼亚花卉产业

肯尼亚是撒哈拉以南非洲经济发展较好的国家之一，花卉种植在肯尼亚有得天独厚的优势。肯尼亚地处东非高原，平均海拔 1 500 米以上，全年平均气温在 24 ℃左右，赤道横贯中部，光照充足。这样的地理条件，使肯尼亚可以全年种植鲜花，尤其适合玫瑰等花卉的生长。

过去 30 年，肯尼亚的花卉生产经历了快速增长，现已成为世界第四大鲜切花出口国。肯尼亚花卉委员会（KFC）数据显示，肯尼亚鲜切花年出口量从 1988 年的约 1.1 万吨增加到 2017 年的 16 万吨。2018 年，肯尼亚鲜切花出口收入更是高达约 11 亿美元，较 2017 年增长了 37.8%。

肯尼亚花卉产业的繁荣离不开其私营经济的自由发展和行业自律。目前，肯尼亚有 100 余家花卉企业直接雇用了 10 万名员工，同时间接为超过 200 万人提供了生计支持。① 肯尼亚生产的鲜切花品种以玫瑰为主，占 73%，康乃馨占 5%，还有晚香玉、东方百合、飞燕草、天堂鸟、蕨类、刺芹草及肯尼亚其他本土观赏植物。肯尼亚玫瑰在欧洲市场

---

① Monetary Policy Committee Flower Farms Survey（March 2021）[EB/OL].（2021 - 04 - 06）[2023 - 08 - 05]. https://www.centralbank.go.ke/2021/04/06/mpc - flower - farms - survey - of - march - 2021/.

占有率达到38%左右。在荷兰阿斯米尔拍卖市场，肯尼亚花卉占69%的份额，产品直供英国、德国和其他欧洲国家。肯尼亚大约30%的直销出口花卉通过互联网进行预售，通过花束组装、标签粘贴和花束套袋，进一步提升了出口花卉产品的附加值。

近年来，亚洲市场对鲜花需求的不断增长为肯尼亚花卉产业带来了新的发展机遇。随着肯尼亚到中国主要城市直航航线的开通，肯尼亚鲜切花在中国市场上显示出较强的竞争力。由于肯尼亚玫瑰花头大、花期长、色彩鲜艳，深受上海、北京等城市消费者喜爱。如今，在上海的花卉市场中供应的以及一些知名花卉品牌使用的玫瑰花，有很多来自肯尼亚。①

（2）埃塞俄比亚花卉产业

埃塞俄比亚地势多样，海拔从低于海平面110米至高于海平面4 620米，是世界上生物资源最丰富的国家之一。凭借适宜的气候、充足的土地、水资源和劳动力，以及靠近欧洲和中东市场的地理优势，埃塞俄比亚在发展花卉出口产业方面展现出强大的竞争力。经过近20年的发展，2021年埃塞俄比亚的鲜切花出口额已达2.5亿美元，占其全国园艺行业外汇总收入的80%以上，成为继肯尼亚之后的非洲第二大花卉出口国以及全球第五大鲜切花出口国。目前，约80%的花卉产品出口至荷兰，其他出口市场还有法国、德国、意大利、加拿大、挪威、瑞典、英国及中东地区国家等。在品种方面，玫瑰是埃塞俄比亚种植最广泛的鲜切花品种，另外还有满天星、金丝桃、勿忘我、菊花、康乃馨等。②

据统计，埃塞俄比亚已建立100多个大型花卉农场，雇员达8.5万名，其中约85%为女性。这些农场在埃塞俄比亚园艺生产者出口商协会（EHPEA）的组织下从事鲜切花、水果、蔬菜、草本植物、种苗及蔬菜种子的生产和出口。埃塞俄比亚高海拔和富饶的土壤为花卉生

---

① 白心怡，邓哲远．拓展肯中贸易合作路径 [J]．中国投资，2018（24）：3-4.

② 中国花协与埃塞俄比亚驻华大使馆举行视频会议 [EB/OL].（2022-07-21）[2023-08-20]. http：//www.forestry.gov.cn/hhxh/5152/20220721/083600513568846.html.

产提供了得天独厚的自然条件，与邻国相比，埃塞俄比亚在花卉生产方面具有低成本优势，同时又保持着高质量标准，因此所产鲜花朵大茎长、花期偏长（如月季瓶插期可达30天），深受国际鲜花市场的欢迎。

然而，20年前，埃塞俄比亚并不是世界花卉生产商版图中重要的一员，但自从政府制定了花卉出口创汇的远大发展计划后，情况开始变化。埃塞俄比亚投资委员会、贸易部、开发银行等机构纷纷为研究项目提供资金和技术支持，提供市场信息并监控行业生产和出口统计数字，此外，埃塞俄比亚制造行业协会和亚的斯亚贝巴商会也提供相关的贸易和技术信息，以支持花卉产业发展。政府还通过分配土地和提供基础设施鼓励花卉栽培业发展。埃塞俄比亚政府为投资者提供了良好的政策基础，创造了宽松的经营环境，为花卉生产者提供冷链物流的设施服务，确保所生产的优质花卉可及时抵达全球消费市场。

肯尼亚与埃塞俄比亚花卉产业都经历了快速发展，这背后有许多相似点。第一，与欧洲国家相比，这两个国家工资水平低，拥有大量可用的廉价劳动力。第二，肯尼亚与埃塞俄比亚的投资环境相对稳定，由于花卉产业对就业和出口的积极影响，两国政府都积极推动花卉生产。第三，当花卉产业开始在这两个国家发展时，肯尼亚和埃塞俄比亚都已存在相对完善的贸易网络和物流体系，使得从肯尼亚首都内罗毕或埃塞俄比亚首都亚的斯亚贝巴出口鲜花比从加纳首都阿克拉或津巴布韦首都哈拉雷更容易。在肯尼亚和埃塞俄比亚，一些新兴的花卉生产公司快速发展起来，且实力强大。这些公司联合起来，成立了各种贸易协会，共同投资温室、肥料，并且大力发展物流合作，所以这两个国家生产的花卉产品能顺利从内罗毕和亚的斯亚贝巴的机场运往世界各地。第四，与拉丁美洲不同，东非国家的花卉生产者已经完全接受并会遵守合作原则。很多没有荷兰背景的花卉种植者也加入了花卉拍卖市场，成为拍卖市场的合作商。一个成功例子是在肯尼亚奈瓦沙湖附近，来自不同国家的种植者与荷兰育种者共同建设了一个著名的花卉生产区。尽管这些种植者的背景各异，但在肯尼亚花卉协会等组织的帮助下，他们达成了合作共识，共同建设了花卉生产区。

花卉产业也带动了卢旺达、乌干达等东非国家以及摩洛哥、阿尔及利亚等北非国家参与鲜花生产。这些国家利用地方特色发展花卉相关产业，如摩洛哥的山地芍药和精油产业，埃及、阿尔及利亚的芙蓉产业等。

非洲国家虽然拥有得天独厚的气候条件和蓬勃向上发展花卉产业的环境氛围等积极因素，但也存在一些负面因素，如政局不稳定可能导致的经济不稳定以及货币汇率变动对行业的影响等。

目前对非洲高山花卉资源的利用还处于识别、保护阶段，为保护花卉资源和生物多样性的国际合作尤为重要。中国科学院中非联合研究中心自 2013 年成立以来，在种质资源保护联合研究方面取得了显著成果。

7 大洋洲高山花卉*

7.1 大洋洲基本地理情况

大洋洲位于太平洋中部和中南部的赤道南北广大海域中，是指由澳大利亚大陆与介于澳大利亚大陆、南极洲、南北美洲和亚洲之间广阔的太平洋上众多岛屿构成的地理区域。① 大洋洲纵跨南北半球，从南纬 47°到北纬 30°；横跨东西半球，从东经 110°到西经 160°。东西距离 1 万多千米，南北距离 8 000 多千米，由 1 块大陆和 1 万多个分散岛屿组成，总面积约 897 万千米^2，约占世界陆地面积的 6%，是七大洲中最小的一个。

大洋洲除部分山地海拔超过 2 000 米外，大部分区域海拔在 600 米以下。海拔 200 米以下的平原约占全洲面积的 1/3，海拔 200～600 米的丘陵、台地约占全洲面积的 1/2 以上，为地势低缓的洲。赤道从该洲中部偏北穿过，南北回归线之间的陆地面积约占该洲总面积的 60%，热带面积之广可与非洲、南美洲相比。在热带范围内，既有面积广大的大陆，又有被海洋包围的众多岛屿；既有处于副热带高压控制的辽阔内陆，又有深受信风影响的岛群；既有地处赤道附近的高温多雨区，又有受夏季风影响的干湿季地区。大洋洲有八种气候类型，其中热带类型有四种，热带以外的气候类型分布范围不大。虽然大部分地区在太阳垂直照射下，但因临海，并不太热，年平均气温大多在 25 ℃～28 ℃。大洋

* 撰稿人：李露，何志强，田江。

① 吴浙，周春山．中国大百科书第三版网络版大洋洲条目［EB/OL]．［2023－10－11］．https://www.zgbk.com/ecph/words? SiteID=1&ID=680077&Type=bkzyb&SubID=232749.

洲有一半以上的陆地为干旱地区，年平均降水量约为700毫米，不足各大洲年平均降水量的1/5。从降水量的分布来看，大洋洲东部群岛降水量远远多于西部大陆地区降水量，且有自东向西及由赤道向南北两级减少的特点。澳大利亚大陆中部和西部地区气候干旱，年平均降水量不足250毫米；艾尔湖附近年平均降水量少于120毫米，是大洋洲降水量最少的地区；夏威夷群岛的考爱岛东北部年平均降水量高达12 000毫米，是世界上降水量最多的地区之一。[①]

大洋洲河流十分稀少，河流短小且水量较少，雨季水量暴涨，旱季有时会断流，所有河流几乎终年不冻，河流的水源补给主要靠雨水。大洋洲的湖泊较少，大陆上的湖泊多为咸水湖。[②]

7.2 主要山脉

大洋洲有大分水岭、麦克唐奈山脉、新几内亚高地、弗林德斯山脉、哈默斯利山脉、达令山脉、南阿尔卑斯山脉等众多山脉。其中最高海拔在3 000米以上的山脉仅有新几内亚高地和南阿尔卑斯山脉。

(1) 新几内亚高地

新几内亚高地，也称中央山脉，是新几内亚岛中部一系列山脉和山间河谷的总称。高地西起极乐岛半岛，东至巴布亚半岛，绵延超过1 600千米，所属的新几内亚岛在政治上分属于印度尼西亚（西部）与巴布亚新几内亚（东部）。新几内亚高地最高点位于西部的毛克山脉主峰——查亚峰，海拔4 884米，该峰是大洋洲最高点，也是世界上最高的岛屿山峰。新几内亚岛地处赤道南侧，东南沿海属热带草原气候，海拔1 000米以上属山地气候，其余地区属热带雨林气候。北半部年平均降水量在3 000毫米以上，南部为1 000～2 000毫米，1—4月常受热带飓风袭击。新几内亚高地由于海拔高，垂直带谱明显：海拔在1 000米

① 王皓年，陈宁欣．大洋洲气候初探［J］．河南大学学报（自然版），1984（1）：59-64.

② 李贵宝，王圣瑞．大洋洲湖泊水环境保护和管理［J］．世界环境，2015（2）：39-41.

以下的沿海低平地区以热带雨林为主，植物种类繁多，森林茂密，四季常青，其中攀缘植物特别茂盛；在海拔 3 500 米以上的高山地区生长有蕨类、高山草甸乃至苔藓地衣之类等寒温带植物；海拔 4 400 米以上为永久积雪带。

（2）南阿尔卑斯山脉

南阿尔卑斯山脉是新西兰最高大的山脉，纵贯南岛中西部，因其风景与欧洲阿尔卑斯山相似，故得名。南阿尔卑斯山脉全长约 500 千米，呈东北—西南走向。西坡陡峭，直逼海岸；东坡较平缓，有宽阔的山麓与丘陵，渐降为坎特伯雷平原。大部分山岭巍峨高耸，有 16 个 3 000 米以上的高峰，最高峰库克峰海拔 3 764 米，是新西兰的第一高峰。许多高山顶上终年积雪，有大小冰川 360 多处。属湿润的海洋性温带气候，垂直于盛行的西风气流。年平均降水量的变化范围很大，从西海岸的 3 000 毫米，到靠近主分水岭的 15 000 毫米，再到主分水岭以东的 1 000 毫米。南阿尔卑斯山脉有丰富的植物群，大约有 25%的新西兰植物物种生长在林木线的高山植物栖息地，其中西坡雨水充沛，森林茂密，而东坡位于雨影区，降水较少，林木稀疏。植被呈梯状分布，下部是低矮的森林，中部是草甸，山顶则是裸露的岩石和冰川。南阿尔卑斯山脉多湖泊和急流瀑布，水资源丰富，是拉凯阿、郎伊塔塔、怀塔基等大多数河流的发源地。①

7.3 主要高山花卉资源②③④

大洋洲新西兰南岛高山花卉资源独特，本部分内容主要介绍此区域

---

① 周春山，张荣荣．中国大百科全书第三版网络版南阿尔卑斯山条目［EB/OL］．［2023-10-20］. https：//www.zgbk.com/ecph/words? SiteID＝1&ID＝553694&Type＝bkzyb&SubID＝232752.

② The New Zealand Plant Conservation Network［EB/OL］．［2023-10-20］. https：//www.nzpcn.org.nz/flora/.

③ https：//biotanz.landcareresearch.co.nz/.

④ https：//www.nzflora.info/index.html.

的高山花卉种类。

伞形科（Apiaceae），针叶芹属（*Aciphylla*），*A. congesta*，草本，分布在新西兰南岛，生长在海拔 1 200～2 000 米雨水较多、临近积雪、植被较少的山地。植株呈簇状，直径 30 厘米。叶片多，柔软，有条纹。花色为淡黄色、白色。*A. divisa*，草本，分布于新西兰南岛，坎特伯雷中部向南，靠近南阿尔卑斯山；生长在海拔 1 100～1 700 米的山地或高海拔的草丛中。植株簇状，高约 40 厘米。花期 11 月至次年 1 月，花色为淡黄色、黄色。2—3 月结果实。*A. dobsonii*，草本，分布于新西兰南岛，南坎特伯雷到北奥塔哥的亚高山地区；生长在海拔 1 500～2 200 米的山地，特别是裸露的山脊中。茎粗壮，通常形成直径达 1 米的垫状植物。花期 12 月至次年 1 月，2—3 月结果实。*A. simplex*，草本，生长于新西兰南岛山地。全株形成直径达 60 厘米和高达 10 厘米的垫状丛生的团块。茎粗壮，具槽。伞形花序球状，花黄色、奶油色。*A. lecomtei*，分布于新西兰南岛的卓越山脉、赫克托尔山脉和加维山脉；生长在海拔 1 400～1 900米的山地裂缝、裸露的岩石缝和悬崖峭壁凹陷处的岩石上。叶黄绿色，长达 250 毫米。花期 12 月至次年 2 月，花色为棕色，1—4 月结果实。

菊科（Asteraceae），常春菊属（*Brachyglottis*），*B. adamsii*，灌木，分布于新西兰北岛和南岛从霍兹沃思山向南到北马尔堡和纳尔逊的山脉，生长在海拔 1 100～1 600 米的山地灌木丛和丘陵。高达 1 米或更高，带有明显的黄色花簇。叶绿色，革质，下表面密生毛，边缘弯曲。花期 1—2 月，花色为黄色，2—3 月结果实。寒菀属（*Celmisia*），*C. glandulosa*，草本，分布于新西兰北岛埃格蒙特山和普瓦凯山脉，生长在山地的草丛、草原或沼泽的潮湿地方。主茎粗壮。叶片长 25 厘米，革质，长圆形至倒卵形。花色为白色、黄色，12 月至次年 5 月结果实。*C. haastii* var. *haastii*，灌木，叶片宽椭圆形至倒卵形，革质，上表面无毛，淡绿色，下表面密生毛，边缘略弯曲，呈细长的齿状。花期 10 月至次年 1 月，花色为白色、黄色，12 月至次年 3 月结果实。*C. inaccessa*，灌木，分布于新西兰南岛峡湾国家公园及蒂阿瑙湖内陆的分散地区，生长在山地陡峭、潮湿、多岩石的悬崖上。形成直径达 2 米的垫子。叶片 20～60 毫米，倒披针形，浅绿色，边缘细齿状。花期 11 月至次年 1 月，12 月至次年 3 月结果实。*C. spectabilis*，多年生草本，主要生长在新西兰亚高山地区。叶革质，卵形至披针形或狭长圆形，长度可达 30 厘米，叶上表面绿色，下表面密生毛，质柔软，白色或浅黄色。花莛高约 30 厘米，密生白色绒毛；每个茎的末端都有一个艳丽的单生头状花序，直径 3～5 厘米；舌状花白色，盘状小花黄色。密垫菊属（*Haastia*），*H. pulvinaris*，粗壮的多年生草本，稀疏分布于新西兰南岛亚高山和高山荒原及碎石间的岩石地带。形成圆形、非常紧凑的团块，直径可达 1 米（通常更小），小枝叶直径小于 15 毫米，致密。叶子顶端加厚，呈圆齿状，两面或底面生有长毛，花黄色、橘红色。异柱菊属（*Leptinella*），*L. atrata*，多年生草本，分布于新西兰南岛，内陆和从北坎特伯雷到北奥塔哥的东部，生长在海拔 1 000 米以上山地的开阔、植被稀疏的碎石中。植株肉质，淡粉红或粉红色，稀疏短毛，光滑。枝条通常成簇状，叶子通常生长在根茎顶端周围。叶倒卵形，长 15～60 毫米，灰绿带红色。花期 11 月至次年 1 月，花色为黑色、红色或粉红色，1—4 月结果实。新火绒草属（*Leucogenes*），大头新火绒草（*L. grandiceps*），多年生草本，分布于新西兰南岛和斯图尔特群岛，生长在亚高山到高山带的岩石缝、悬崖壁、散落着岩石的地面中。茎粗壮，木质。基生叶，叶片密集，倒卵形至楔形，两面着生白色至淡黄色毛。花期 11 月至次年 3 月，花色为白色、黄色，1—4 月结果实。*L. leontopodium*，分布于新西兰北岛（从希库朗基山和中央火山高原向南到塔拉鲁阿山脉）、南岛（里士满山脉），生长在亚高山到高山带裸露的岩石缝、悬崖边，通常是没有太多植被的地方。茎粗壮，木质，多分枝。叶披针形至长圆形，银白色至淡黄色，有光泽，基生叶紧促。花期 11 月至次年 3 月，花色为白色、黄色，1—4 月结果实。

紫草科（Boraginaceae），勿忘草属（*Myosotis*），*M. macrantha*，多年生草本，分布于新西兰南岛亚高山尼尔森至奥塔哥西南部，常见于草地、岩石地面、悬崖面和岩石露头的潮湿地。叶莲座丛生，叶倒卵形、倒卵状披针形到匙形，通常上表面被毛，细长、密集且贴伏。具无苞片的聚伞花序，通常单生或一次分枝，8 花，花冠黄色、橙色、棕橙色至近黑色，窄漏斗状。

杜鹃花科（Ericaceae），龙血石南属（*Dracophyllum*），*D. muscoides*，紧凑型垫状植物，生长于新西兰南岛海拔 914～2 600 米的山地、沼泽地、荒地和巨石地。高 15～50 毫米。枝条直立，茎多分枝，紧密排列在一起。老枝灰棕色，幼茎红棕色。叶沿枝条螺旋状排列，革质，坚硬，边缘有锯齿。花序顶生，直立，无梗，单生花；花冠白色，狭钟状，花冠裂片水平展开。*D. politum*，灌木，分布于新西兰的尼尔森区、丹尼斯顿地区、峡湾国家公园、奥塔哥区和斯图尔特群岛，生长在山地到高山带平缓的山坡且裸露的地方，特别是在山顶和高原上。高约 50 厘米。叶长 12 毫米，橄榄色至深绿色。花期 12 月至次年 3 月，花小、白色，2—5 月结果实。*D. prostratum*，灌木，分布于新西兰南岛（亚瑟山口以南），生长在亚高山到高山带的灌木丛、田边、山地、草丛、沼泽中。高 10～100 厘米。叶沿枝条螺旋状排列，青绿色至浅绿色，叶片边缘锯齿状。花序无柄，直立。果实红褐色，倒卵形，无毛。种子长 0.45～0.7 毫米，浅褐色，卵形。花期 12 月至次年 2 月，花小、白色，2—5 月结果实。*D. recurvum*，灌木，分布于新西兰北岛（中央火山高原和邻近山脉），生长在山地到高山的山坡、山脊线、悬崖峭壁或亚高山灌丛、丘陵、草原或高原的开阔地面上。高 10～90 厘米。叶片青绿色至浅绿色，长 15～40 毫米，边缘有锯齿。花期 12 月至次年 4 月，花色为白色，花在枝末端成簇，5～8 朵，2—5 月结果实。

龙胆科（Gentianaceae），假龙胆属（*Gentianella*），*G. concinna*，二年生草本，分布于新西兰奥克兰群岛，生长在沿海到高山带开阔的草地、草丛、森林和灌木丛，以及山顶丘陵的沙地中。高 27～150 毫米。叶窄椭圆形，边缘增厚，先端圆形，叶柄不明显。每株花 1～22 朵，花色为紫罗兰色、紫色或白色，花期 11 月至次年 4 月，12 月至次年 6 月结果实。*G. decumbens*，草本，分布于新西兰南岛，生长在高山带的山顶丘陵或石质土壤的山脊线上。高 17～40 厘米。每株开花茎 1～27 个，绿色或深红色，每茎叶 4～9 对。基生叶椭圆形，绿色不褪色，随年龄变黄。每株花 3～72 朵，花期 1—3 月，花色为白色、黄色，2—4 月结果实。

柳叶菜科（Onagraceae），柳叶菜属（*Epilobium*），*E. astonii*，多年生草本，分布于新西兰北岛主轴线上，从劳库马拉山脉南部的高点到劳库马拉山脉和北部鲁阿因山脉，生长在海拔 760～1 370 米的山地悬崖峭壁，通常沿着峡谷和峡谷壁，有时在山脊线的裸露巨石上。通常形成紧凑的灌木丛，全株被柔毛。叶对生，暗绿色，窄倒卵形，先端锐尖，基部渐狭，边缘锯齿状。花期 12 月至次年 2 月，花色为红色、粉色或白色，1—4 月结果实。*E. hectori*，多年生草本，分布于新西兰南北岛，从中央火山高原和凯马纳瓦山脉向南到南部地区，主要向东分布，生长在山地到高山带开阔的石质地面上、草原草丛中，或在霜冻的消融区内。植株呈簇状，高 5～25 厘米，通常从基部分枝。叶对生，长 3～20 毫米，暗蓝绿色至青铜绿色，窄椭圆形。花期 11 月至次年 2 月，花色为白色，12 月至次年 4 月结果实。*E. petraeum*，无毛的多年生草本，生长于新西兰南岛从凯库拉山脉向南到坎特伯雷的库克山地区。老茎匍匐到展开，新茎直立、红色，在节点处不生根。叶对生，卵形、椭圆形或宽椭圆形，有光泽，直立或平展，长于节间，每侧边缘 3～5 齿，上表面深绿色或红色，基部楔形，先端钝到微凹。花序顶生，直立；萼片长圆形，红色，先端锐尖；花瓣倒卵形，白色。

列当科（Orobanchaceae），小米草属（*Euphrasia*），*E. cuneata*，灌木，分布在新西兰北岛和南岛，生长在海拔 1 500 米山地的开阔岩石区域、溪边和灌木丛中。高约 60 厘米。叶片菱形至卵形，有 1～3 对钝或尖齿。花序多分枝，或为普通的总状花序；花萼长 4～8 毫米。花冠白色，长 15～20 毫米。花期 1—3 月（5 月），花色为白色、黄色，2—5 月结果实。

车前草科（Plantaginaceae），匍地梅属（*Ourisia*），*O. confertifolia*，多年生草本，分布于新西兰南岛从哈斯特山口向南到峡湾地区，生长在海拔 1 200～2 200 米山地的裸露岩石缝、悬崖边或开阔的草原和草丛草原上。植株高 35～88 毫米。叶沿匍匐茎对生，叶片先端圆形，基部楔形，渐尖。花期 11 月至次年 2 月，花色为白色，1—5 月结果实。*O. glandulosa*，多年生草本，分布于新西兰南岛从哈斯特山口向南到峡湾地区；生长在海拔 1 050～2 000 米的山地草丛、田边和灌木丛中潮湿、阴凉的地方，通常在岩石缝中。高 5～135 毫米。叶沿匍匐茎对生，叶片先端圆形，基部渐狭，边缘呈不规则切口或规则的凹口。花期 12 月至次年 3 月，花色为白色、黄色，1—4 月结果实。婆婆纳属（*Veronica*），*V. birleyi*，亚灌木，分布于新西兰南岛（从韦斯特兰山到峡湾北部分界线，以及卓越山脉和赫克托山脉），生长在海拔2 900米的山地岩石缝、悬崖壁中。高 20～200 毫米。老茎褐色至灰色，新茎紫色。叶倒卵形，叶上表面灰暗绿色或紫色，下表面深绿色或紫色。花期 11—12 月，花色为红色、粉色或白色，12 月至次年 3 月结果实。*V. hectorii*，低矮灌木，分布在新西兰南岛奥塔哥和南部山区，从东边的怀塔基山谷和岩柱山脉到西边的福布斯山脉，生长在山地灌丛中。长有狭窄的短鳞状小枝，小枝 1.5～2 毫米宽。叶鳞片状，紧密排列，尖，抱茎，边缘有毛。花白色，6～8 朵簇生于小枝顶端。

毛茛科（Ranunculaceae），毛茛属（*Ranunculus*），*R. godleyanus*，草本，分布于新西兰南岛从罗尔斯顿山和亨特山（亚瑟山口国家公园）向南到塞夫顿山，生长在海拔 1 400～2 020 米山地的潮湿岩石缝、悬崖边，以及靠近永久冰川的地域。开花时茎高达 60 厘米。根茎粗壮，白色。叶片淡绿色，先端圆形，基部圆形至楔形，边缘粗纹，脉浅网状。花期 12 月至次年 2 月，花色为黄色，2—5 月结果实。*R. haastii*，多年生草本，主要分布于新西兰南岛以东，从马尔堡南部向南穿过坎特伯雷到达本奥豪山脉，生长于山地的岩石地带。高 5～15 厘米，根状茎粗壮，肉质，表面革质有白霜，除叶鞘边缘外无毛。受损时渗出黏稠的乳白色汁液。花梗直立，无毛。萼片平展，无毛或疏生毛。花瓣 10～16，黄色。新西兰山毛茛（*R. lyallii*），新西兰最著名的高山植物之一。分布在马尔堡到斯图尔特岛海拔 700～1 500 米的山地、田边或小溪边。是世界上最大的毛茛，可以长到 1 米多高，叶子呈杯状，有些叶子直径可达 40 厘米。适宜在贫瘠的土地上生长，花期 10 月至次年 1 月，花为白色、黄色，11 月至次年 3 月结果实。*R. scrithalis*，多年生草本，生长于新西兰南岛海拔 1 100～1 900 米的山地地区。高 2～5 厘米，根茎粗壮。叶宽卵形，三裂，被丝状毛。花莛直立，有丝状毛，高 2～3 厘米。萼片展开，有丝质毛。花瓣 12～15，柠檬黄色，线形或长圆形。

蔷薇科（Rosaceae），路边青属（*Geum*），*G. divergens*，草本，分布于新西兰南岛汉默山脉，生长在海拔 1 300～1 600 米的山地草丛中。开花时可高达 18 厘米左右。基生叶众多，侧小叶2～4（6）对，末端小叶明显，呈圆形或肾形，裂片不明显，有粗齿。花期 11—12 月，花色为绿色、白色，1—2 月结果实。*G. uniflorum*，生长于新西兰南部斯图尔特岛海拔 1 800 米山地的草原、岩石壁或潮湿的草丛中。植株较低矮，呈松散的垫状。基生叶长达 12 厘米，深绿色，褪色至暗红色。花期 11 月至次年 2 月，花色为淡黄色、白色，12 月至次年 3 月结果实。

7.4 资源保护与利用

7.4.1 资源保护与利用概况①

在大洋洲，对植物的保护与收集依赖于大量的植物园，澳大利亚与新西兰作为大洋洲仅有的发达国家，在历史发展上存在很高的相似度，早期都曾被英国所殖民。两国的植物园也是由最先来到这片土地的英国殖民者建立，即两国植物园在起步阶段都是仿照英国的范式而建，经过 200 多年的发展，如今两国的植物经营由早期的收集植物向英国输送，演变为收集外来植物进行展示，又逐渐转变为收集保护本土植物。植物展示也由科学性为主导转变为科学与艺术相结合的展示方式。

澳大利亚国家植物园（ANBG），收藏了丰富的澳大利亚本土植物。其下属的澳大利亚国家生物多样性研究中心（CANBR）内建有澳大利

① 于雪晶．澳大利亚和新西兰植物园发展趋势及规划设计特征研究［D］．北京：北京林业大学，2019.

亚国家植物标本馆，拥有超过 1 万件标本，该中心负责保护花园植物标签的科学性和完整性，并负责修订澳大利亚植物界的国家植物名称列表。

新西兰的奥克兰植物园，占地 64 公顷，包括 10 公顷的原始森林。植物园收集了世界各地的 10 000 多种植物，有 20 多个主题花园，包括濒危本土植物园、山茶园、玫瑰园等。

澳大利亚与新西兰的植物园较多，植物保护网络在世界上也较为先进。陆续成立了众多与植物园相关的公益团体，如澳大利亚和新西兰植物园协会（BGANZ）、澳大利亚植物园公司负责人协会（CHABG）、澳大利亚植物园之友协会（AAFBG）等，这些团体在植物园区域资源共享、交流学习、协调发展方面起到了重要作用。

澳大利亚和新西兰植物园协会（BGANZ），成立于 2004 年 4 月 6 日，旨在促进澳大利亚和新西兰植物园的建设，目前成员有 130 多个植物园。该组织的目标是为澳大利亚和新西兰植物园及其他国家植物园提供信息交流和协调规划的平台，并制定最佳的实践标准，是澳大利亚和新西兰植物园利益的倡导者，为植物园的立法和政策提供建议。

澳大利亚植物园公司负责人协会（CHABG），旨在保护澳大利亚植物，并进行有关植物和植物群落的宣传以及开展研究，并致力于地区植物园网络构建、植物园植物普查、植物园用途调查等。

澳大利亚植物园之友协会（AAFBG），旨在为成员、相关植物园群体和社区之间提供交流和信息推广平台。该协会与 BGANZ 为平行植物园管理网络，互相支持和促进，共同发展。

新西兰拥有新西兰高山花园协会（NZAGS），协会每年发布两期通讯，内容主题广泛，包括本土和外来植物的种植技巧、养护知识等。此外，协会还会发布年度种子清单，包括许多本土珍稀植物种子信息，通常通过野生采集，在其他地方无法获得。该协会还邀请专业的园艺大师进行指导，由协会成员配合，将岩石块精心堆砌起来，再选择适宜的植物种植在其中，建造了一个缝隙花园，该花园的维护成本很低，对水的需求也很低。为高山植物创造了适宜的生长环境。[①]

7.4.2 大洋洲花卉产业

(1) 澳大利亚花卉产业

澳大利亚是鲜切花的净进口国，《2022年澳大利亚园艺统计手册》[②]显示，澳大利亚鲜切花进口额达1.046亿美元，出口额却只有950万美元，整个鲜切花供应链价值约为4.387亿美元。鲜切花进口主要来源国家为马来西亚、中国、肯尼亚、厄瓜多尔、哥伦比亚，鲜切花出口国家为日本、美国、荷兰、中国、韩国。

澳大利亚鲜切花全年生产，生产场所既有现代化玻璃温室，也有科技含量较低的半露天和露天农田。鲜切花生产主要集中在澳大利亚南部，主产地包括维多利亚州的威默拉和墨尔本、西澳大利亚州的珀斯、新南威尔士州的中央海岸和北海岸地区，以及昆士兰州的东南部。澳大利亚用于出口的鲜切花95%都属于本地特色种类。[③]

澳大利亚独特的本土花卉，很多都是灌木或乔木，需要数年才能开花，要成功培育一个商业新品种，可能需要20多年时间。自2007年以来，以专业植物育种团队与提供资金的商业伙伴合作，并由后者负责把新品种成功推向市场的育种模式，新型盆栽花卉和切花产品得以开发，西澳大利亚州标志性植物的育种成为重点，包括袋鼠花、蜡花、波罗尼亚花、开花桉树、银桦和草海桐等，经过多年的潜心研发及体细胞融合和倍性育种等一系列植物组培技术的应用，不少新品种已推广上市。[④]

林奇集团是澳大利亚最大的花卉经销商，也是澳大利亚规模最大的花卉集散中心，总部位于悉尼。林奇集团从事花卉种植与贸易已有百年

---

① New Zealand Alpine Garden Society [EB/OL]. [2023-10-20]. https://www.nzags.com/.

② Hort Innovation. Australian Horticulture Statistics Handbook 2021/22 [EB/OL]. [2023-10-20]. https://www.horticulture.com.au/growers/help-your-business-grow/research-reports-publications-fact-sheets-and-more/australian-horticulture-statistics-handbook/.

③ 邓茜玫．澳大利亚鲜切花产业情况及统计数据分析 [J]. 中国花卉园艺．2017 (2)：60-61.

④ 华新．澳大利亚本土花卉走向世界市场并非易事 [J]. 中国花卉园艺，2022 (10)：72-74.

历史，在澳大利亚与中国拥有最先进的冷链生产设备，是澳大利亚唯一获得 ISO 和 HACCP 质量标准认证的国家花卉营销机构。自 1979 年以来，一直为澳大利亚本土供应鲜花。凭借丰富的种植、销售和进出口花卉经验，林奇集团享有“花卉艺术之都”的美誉。林奇集团在澳大利亚的每一个州都建有工厂和物流配送中心，每天向全澳大利亚的 4 000 多个花卉超市供应鲜花，业务范围覆盖从种植到销售的花卉全产业链每个环节，贸易伙伴遍及全球。

林奇集团从 2002 年起在中国开展业务，目前在中国共有 8 家公司，包含 4 家贸易型公司和 4 家种植型公司，拥有的高科技控温控湿大棚面积超 80 公顷。公司旗下除 LYNCH 和方德波尔格外，还有 Jewel、荷冠、星荷、林奇老约翰·花等细分品牌。林奇（中国）与多国知名育种商合作，选育测试了玫瑰、非洲菊、满天星、紫菀、刺芹、翠雀草、绿石竹、福禄考和补血草等 400 多个新品。目前已量产玫瑰超 80 个品种，非洲菊超 40 个品种，高品质的鲜花受到了广大花卉爱好者的青睐。

从 2003 年开始，云南省农业科学院花卉研究所依托花卉研发优势，从澳大利亚引进帝王花、风轮花、风蜡花等 17 个高档木本切花品种进行适应性栽培和筛选。经过科技人员 4 年的艰苦攻关，引种获得成功，所引进的新型木本切花在昆明长势良好。科研团队不但掌握了各品种在昆明地区的生长发育规律和栽培技术，还在扦插及组培等繁殖技术的研究方面取得了较大进展，推广种植的前景极为广阔。

（2）新西兰花卉产业

新西兰拥有丰富的花卉品种，其中最具有代表性的花卉品种包括空心吊兰、孔雀草、金鱼草等。据新西兰统计局发布的数据，新西兰每年出口价值约 20 万美元的花卉，其中大部分为兰花、绣球花和牡丹。新西兰的花卉出口市场主要为美国、日本、中国、澳大利亚、荷兰，进口市场主要为哥伦比亚、印度、中国、马来西亚、澳大利亚。香水百合是新西兰的传统优势品种。

新西兰联合花卉种植有限公司（UFG）由种植者拥有的公司 United Flower Auction Limited 和 Market Gardeners Limited 的花卉运营部

门合并而来，是新西兰最大的花卉营销机构。UFG 开发了先进的和用户友好的在线拍卖系统，目前在奥克兰、惠灵顿和基督城运行内部拍卖系统，每年售出超过 50 万束花卉。买家可以选择直接从奥克兰或惠灵顿分店拍卖场购买，还可以使用远程云拍卖系统在线拍卖购买，目前买家对线上购花的接受率激增，线上销售额 2020 年就已经超过了该公司鲜花销售总额的 40%。该公司的线下批发分店位于奥克兰、惠灵顿、基督城、达尼丁和因弗吉尔，为全国买家提供新西兰最优质的花卉。

新西兰最大的花卉出口公司为 New Zealand Bloom，于 1992 年成立，成立之初旨在将最好的新西兰鲜花带到美国，并以优质的服务为经营特色。现在已经成长为全球知名鲜花营销商。在奥克兰、洛杉矶和大阪设有办事处，主要出口品种包括大花蕙兰、牡丹、绣球、马蹄莲、帝王花等。

8 高山花卉保护与利用*

8.1 概述

近年来，四川、云南、西藏等省份陆续报道了杜鹃、报春花、龙胆、绿绒蒿等野生高山花卉部分品种人工栽培成功的消息，让人不禁联想到几十年来我国兰花资源在野外日益枯竭的现状。与此类似，在不同程度枯竭的野生高山花卉植物资源还包括雪莲花（*Saussurea involucrate*）、暗紫贝母（*Fritillaria unibracteata*）、云南杓兰（*Cypripedium yunnanense*）等，不胜枚举。有观点认为，世界上至少有30%的植物物种濒临灭绝。然而随着可持续发展观念的深入人心，人类对植物资源的保护与利用并不完全是互相矛盾的，高山花卉资源的保护与利用将不断发展进步。

8.1.1 保护与利用方式

(1) 就地保育利用

就地保育利用是指在原产地就地保护并提供观光、研究利用之用，以不离开资源原有分布区和生境条件为特点，实现就地保护。主要措施包括建立自然保护区、森林公园等。但在利用方面存在不同程度的局限性和不可控性，尤其是道路等交通设施的修建，往往对高山环境破坏极大，在资源利用上具有明显的“被动性”。我国各类自然保护区的功能区域，广布于滇西北、川西和藏南地区高山峡谷与高原，以及鄂西、陕南和新疆的南、北疆等区域。

---

* 撰稿人：李露，郭文。

(2) 迁地保育利用

迁地保育利用是指在原产地以外地区实施保育并实现观光、研究利用，以远离资源原有分布区和生境条件为特点，进行人工资源增殖和集中展示，为回归引种创造条件。主要措施包括建立植物园、种质资源圃等。该方式人为可控性较好，且在利用上具有明显的“主动性”。但对于自然与社会经济条件的选择十分苛刻，而且对人员队伍素质和技术要求较高。全世界 3 000 余座植物园之中一部分有高山花卉的保育，国外有英国皇家植物园林——邱园、挪威特罗姆瑟市北极高山植物园，国内有香格里拉植物园、丽江植物园和昆明植物园等。

建立在资源承载能力容许条件下的就地保育利用和人工繁殖培育条件下的迁地保育利用，均不失为高山花卉可持续利用的途径。尤其是后者，仅需要一次或数次采集遗传多样性足够丰富且适量的繁殖材料（如种子），便可通过人工手段实现个体数量的无限增殖，从而充分地满足观光需要。而且只要研发的种类和品种足够多，就可能营造出比野外就地观光利用更集中、丰富多彩和持续时间更长的观光效果。同时，通过人工资源增殖，还能为回归引种即原产地生态修复提供宝贵的种苗，其对物种保护和生态修复的意义，已远远超越了资源观赏利用本身。更进一步，还能对特定具有较高经济价值的高山花卉资源开展产业化研究和开发奠定基础。

(3) 离体保存利用

1975 年，亨肖（Henshaw）和莫雷尔（Morel）两位学者提出了离体保存。最初是指通过人工控制环境条件，将植物体的组织材料如细胞、原生质体、愈伤组织、分生组织（茎尖）、芽、花粉等进行较长时间保存。传统的离体保存技术主要包括组织培养保存法和超低温保存法。随着现代生物技术及相关学科的交叉发展，植物离体保存内涵得以大幅扩展，吸纳了基因技术、DNA 标记技术、基因组及转录组学的研究等基因资源保存技术的内容。离体保存具有受环境影响小、适应性强、稳定性好、效率高等优势。但该方法仍然需要解决如何尽可能延长保存时效，减少继代次数，同时采取合理措施保证离体保存种质遗传稳定性等问题。超低温保存法较组织培养保存法起步晚，且多侧重于研究某种珍稀濒危植物的超低温可贮性及保存技术试验等方面，规模化实践应用较少。基因资源保存技术体现了现代生物技术、信息技术等多学科在珍稀濒危植物资源离体保存上的创新性实践应用，极大促进了保存策略的发展，但同时也面临着诸多挑战。首先，该项技术涵盖生物技术、信息技术等多个学科领域的理论知识和专业手段，对实操人员的专业融合化程度要求较高。其次，基因数据保存需要足够的硬件和软件支撑，对硬件建设、软件开发及数据安全管理等配套条件要求较多。硬件老化、软件漏洞、网络病毒等可能会造成基因数据丢失，威胁到数据安全。①

8.1.2 研究与开发

(1) 资源调查与保护

1992年，由联合国环境规划署发起的政府间谈判委员会第七次会议通过了《生物多样性公约》。在2002年的《生物多样性公约》缔约方大会第六次会议上，187个国家首次同意并一致通过了《全球植物保护战略》。该战略包括五组主要目标，分别是了解和记录植物多样性，保护植物多样性，可持续利用植物多样性，增强与植物有关的大众教育和保护意识，植物多样性保护工作的能力建设。

在高山花卉资源调查与保护持续开展的基础上，相关植物标本馆的建立、就地和迁地植物保护的实施、汇编已知植物的在线植物志等都在推进和完善。

(2) 资源评价与利用

资源评价是创新与利用的基础。只有开展高山植物资源的分布、种群特性、引种栽培、栽培环境因子方面的研究，充分认识高山花卉资源的形态特征、生长发育规律、抗逆抗病性等特性，才能更好地发挥植物自身优势，使其成为品种创制、产品开发的良好材料。世界各国在高山

---

① 陈虞超，李晓林，赵玉洋，等．珍稀濒危药用植物资源离体保存研究进展［J］．世界中医药．2021，16（7）：1018－1029．

花卉的遗传多样性分析、基因组和功能基因解析、加速花卉育种、推动高山花卉特用价值开发（如食用、药用、香料用等）等方面的研究进展各具特色，一些价值较高的高山花卉产业化发展迅速。

(3) 规模化生产技术研发

一是种苗繁育技术。种苗繁育不但是高山花卉开发利用的前提，而且对于种质资源保护具有重要意义。许多高山植物在自然状态下繁殖能力较差，需要借助一定的人工繁殖方法更好实现种苗繁育。利用基因工程、杂交、单倍体、多倍体等育种方法，用高山花卉来改良现有的栽培品种，或用现有的栽培品种来改良高山花卉，并通过组培和扦插等方法大量繁殖新品种，应是高山花卉资源利用的重要途径。

二是栽培技术。由于高山花卉生长环境的特殊性，以及其生理生态的复杂性，大部分高山花卉的人工栽培一直是公认的难题。近年来，在对其生理生态和开花生理研究的基础上，高山花卉的栽培技术有了一些新突破，有利于充分挖掘高山花卉的科研和观赏价值。

三是菌根共生研究。菌根共生在生态系统中扮演着重要角色，对高山花卉的生长发育具有重要作用。高山植物的生境适应机制和共生体系的生存策略会随着环境胁迫的改变而进化。因此加强高山花卉菌根共生关系的研究将有助于加快高山花卉的园艺化进程。

(4) 开发建议

一是加强高山花卉的遗传背景研究，通过传统育种和分子育种建立种质资源评价体系和资源库。

二是明确育种目标，制定科学合理的评选标准，为需要引种的高山花卉材料建立科学的评价体系，选择评价值高的材料进行引种，进而提高引种的成功率。有重点地开展高山花卉育种，建立高山花卉育种和实验种植体系。

三是处理好品种引进和研发自主知识产权品种的关系。引进国外的优良品种对发展我国花卉具有重要作用，但是一味依赖于进口将不利于我国花卉业的长远发展，也会使本国的野生花卉资源白白浪费。

四是引种要与繁育、栽培技术相结合。要针对不同的植物种类，选择相应的繁殖方式，建立一整套的引种繁殖体系。对于已引种成功的植物种类，应加强栽培管理技术的研究，并迅速扩繁，以便更好地推广应用。

五是开发与保护并举。加强高山花卉生境的调查研究工作，深入研究其与环境因子的关系，如光照、土壤、温度、水分等，尤其要关注高山花卉生理特性与气候变化的关系，这将有助于我们合理规划高山花卉的保护和可持续利用方式，从而维护全球生物多样性和促进人类美好生活。

8.2 特色高山花卉保护与利用案例

中国高山花卉资源丰富，主要包括兰科、菊科、蔷薇科等科的植物，以及杜鹃花属、报春花属、龙胆属、绿绒蒿属、马先蒿属、百合属等属的植物。其中，杜鹃、龙胆、报春花较为耀眼并十分具有代表性。早在1940年，我国著名植物分类学家秦仁昌在《西南边疆》上发表的《中国三大名花》一文中将杜鹃、龙胆、报春花誉为中国三大名花。此外，绿绒蒿全世界共49种，仅中国就产38种，其中云南有20种。[①] 为更直观、全面地展示目前中国高山花卉保护与利用、产业发展情况等，编者选择了观赏性较强、资源丰富度较高、产业开发利用成熟度较高的四种花卉——龙胆、高山杜鹃、绿绒蒿、报春花为代表，从研究现状、利用情况等方面做了详细分析。

8.2.1 龙胆

龙胆属（*Gentiana*）是龙胆科下的一个大属，大约包括有400余种，广泛分布在全世界温带地区的高山地带，绝大部分为一年生或多年生的草本植物，部分为常绿种类。中国有230种以上，广泛分布于全国

① 陈梅，林萍，孙成江，等．云南主要花卉种质资源发展的历史与现状［J］．广东园林，2009，31（2）：51－55.

各地，但以西南地区种类最为丰富。

目前市场上以龙胆整株植物或部分植物器官作为商品的主要有龙胆带花观赏盆栽、龙胆干花花茶、龙胆泻肝汤（袋泡茶）等。以龙胆中有效成分药用功效作为卖点的主要有两类：一类为美容护肤用品，如面膜、面霜、眼霜等，突出美白、净化、滋润功效；另一类为兽药，如龙胆泻肝散、保肝护肾散、肝胆颗粒等，利用龙胆清热燥湿的功效，治疗猪、牛、鸡等家畜家禽目赤肿胀、排尿困难等症，效果良好。随着未来龙胆产业的发展，龙胆资源越来越充足，对龙胆的开发也应逐渐深入，扩展其用途，以取得更多经济效益。

8.2.1.1 研究现状

(1) 园艺品种[①]

① Rocky diamond blue heart。来自丹麦的品种，由鲁涅·尼尔森（Rune Nielsen）在2007年发现，于2011年获得专利。②Crested gentian或summer gentian或*G. septemfida*。原生高加索地区，是一般花园条件下最容易种植的品种之一。③Berg blauw。秋季龙胆草的一个独特品种，推测是号角龙胆和秋龙胆的杂交，开着小号花，颜色深蓝。花期从晚春开始一直持续到7月。叶深绿色，叶片有光泽且厚，叶形有卵形或披针形，叶尖锐尖。④Starlight。由华丽龙胆中选择出来的一个整齐紧凑品种类型。1904年，苏格兰植物学家乔治·福里斯特（Georges Fourest）在云南首次发现。秋季开花，狭长的喇叭形，深天蓝色。⑤*G. acaulis*。原产于欧洲阿尔卑斯山，其花朵图案被印制于奥地利面值一分的欧元上，另外，奥地利还有该龙胆花刺绣的邮票，采用了与2005年所发布的雪绒花刺绣邮票相同的制作工艺。⑥Marsha。直立、多年生植物，叶深绿色，卵形。花期从仲夏到初秋，花靛蓝色。⑦True blue。一种易于种植的龙胆品种，由达雷尔·普罗布斯特（Darrell Probst）培育。⑧海洋之心。来自丹麦，是目前国内主要销售的品种，最为有名。桐乡四季花园公司一共引进了4个龙胆品种，经过一系列试

① 该部分园艺品种编者采用查询的英文商品名，未翻译成中文。

验，只有“海洋之心”表现较好，该品种露天 40 ℃越夏无压力，且耐寒性好，在耐寒区 5 至 9 区内均可种植。⑨蓝豆。切花龙胆品种，花朵成串开放，蓝色花苞总是包裹在一起，如一串串蓝色的豆子挂满枝头。植株挺立而饱满，非常适合盆栽，花境种植，作为切花配材，非常出色。⑩蓝精灵。荷兰龙胆的芽变品种，花朵蔚蓝色，由 5 个钟形花瓣组成，具有珍珠般的光泽，略带肉桂的香味。该品种结构紧凑，丛生，具有直立的特性，仲夏早期开花。⑪白骑士。花色纯白，点缀有细小的斑点，是“蓝精灵”的天然芽变品种。植株非常紧凑矮小而饱满，适合做小型盆栽。⑫蓝水晶。来自日本的品种，拥有真正的龙胆蓝，介于深蓝和靛蓝之间。花朵为狭长的喇叭形，阳光充足时才会开放，叶子浅绿色、椭圆形。⑬红花龙胆。花期 10 月至次年 2 月，花朵微微张开，形似喇叭且带有花丝，植株不高，约 40 厘米。此外，在我国川西地区，蓝玉簪龙胆、阿墩子龙胆、大花龙胆、假水生龙胆等已经成为市面上可见的观赏品种。

（2）药用品种

2020 版《中国药典》收载龙胆品种有龙胆科植物条叶龙胆（*G. manshurica*）（又称东北龙胆）、龙胆（*G. scabra*）、三花龙胆（*G. triflora*）和滇龙胆草（*G. rigescens*）。前三种主产东北地区，药材行俗称关龙胆；后一种主产云南，药材行俗称坚龙胆、滇龙胆。此外，尚有红花龙胆（*G. rhodandtha*）、管花秦艽（*G. tubiflora*）、小龙胆（*G. parvula*）、新疆龙胆（*G. prostrata* var. *karelinii*）、天山秦艽（*G. tianshanica*）、乌奴龙胆（*G. urnula*）、蓝玉簪龙胆（*G. veitchiorum*）、高山龙胆（*G. algida*）、头花龙胆（*G. cephalantha*）、阿墩子龙胆（*G. atuntsiensis*）、提宗龙胆（*G. stipitata* subsp. *tizuensis*）和太白龙胆（*G. apiata*）等。引种栽培的种类有大花龙胆（*G. szechenyi*）、华丽龙胆（*G. ornata*）、天蓝龙胆（*G. caelestis*）。

部分在我国有产地的品种有：①无尾尖龙胆（*G. ecaudata*）。产于云南西北部和西藏东南部。②长梗秦艽（*G. waltonii*）。特产于西藏东南部至南部。③大花龙胆（*G. szechenyii*）。产于西藏东南部、云南西北部、四川西部以及青海南部。④七叶龙胆（*G. arethusae* var. *delicatula*）。产于西藏东南部、云南西北部和四川西部及陕西（太白山一带）。⑤滇西龙胆（*G. georgei*）。产于西藏东南部、云南西北部、四川西部至北部、青海南部和甘肃西南部。⑥管花秦艽（*G. siphonantha*）。产于四川西北部、青海、甘肃和宁夏西南部。⑦岷县龙胆（*G. purdomii*）。产于四川西部、青海南部和甘肃。⑧假鳞叶龙胆（*G. pseudosquarrosa*）。产于西藏东部、云南西北部、四川西部和青海的玉树地区。⑨丝萼龙胆（*G. filisepala*）。产于四川。⑩红花龙胆（*G. rhodantha*）。产于云南、四川、贵州、甘肃、陕西、河南、湖北和广西。⑪钻叶龙胆（*G. haynaldii*）。产于西藏东南部、云南西北部、四川西部、青海的玉树地区和湖北西部。⑫云雾龙胆（*G. nubigena*）。产于青海、甘肃、西藏、四川西部。⑬高山龙胆（*G. algida*）。产于新疆、吉林（长白山）。⑭蓝玉簪龙胆（*G. veitchiorum*）。产于西藏、云南西北部、四川、青海和甘肃。⑮中亚秦艽（*G. kaufmanniana*）。产于新疆北部。⑯卵萼龙胆（*G. bryoides*）。产于西藏东南部至南部。

（3）研究机构及成果

东北林业大学在龙胆园艺及其药用方面的新品种选育和栽培技术研究方面做了很多工作，其中代表性的研究项目有：①耐寒花卉草原龙胆新品种选育及推广。项目对从日本引进的 82 个草原龙胆品种进行了品种的纯化和新品种的选育研究，从中选育出适合市场且前景广阔的草原龙胆的 18 个不同花色、重瓣性状的稳定品系，建立了具有中国北方寒地特色的栽培技术规程，熟化了品种与栽培技术的配套体系，规范了选育新品系的生产推广。②国外耐寒花卉优良新品种及优质栽培技术研究。项目针对从日本、美国引进的草原龙胆等园林花卉品种，采用常规育种技术并结合高压静电场和激光处理，对所引进的品种资源进行了驯化栽培，掌握了其生物学特性、生长发育及遗传变异规律、育种技术，在此基础上强化品种资源的分离纯化和选育，培育出了适于中国北方地区气候特点和市场消费习惯、具有自主知识产权的优良品种。结合中国北方的生态气候条件，参照国外相关先进栽培技术，对草原龙胆从播种技术、苗期、花期管理、主要病虫害防治等方面建立了相应的技术体系。③选育草原龙胆新品种“碧芯黄丹”“单轮朱砂”和“千堆雪”等，并对其在长江以北地区的保护设施内栽培措施进行深入研究。

丽江高山植物园是依托国家重大科学工程“中国西南野生生物种质资源库”和中国科学院青藏高原研究所昆明分部，围绕生物多样性保护，立足横断山南段，面向东喜马拉雅和青藏高原，以引种保育海拔2 800米以上的高山、亚高山地区的珍稀濒危植物、特有类群和重要经济植物等为主要业务内容，集科学研究、物种保存、引种驯化、新品种选育、科普服务及植物资源可持续利用为一体的科学植物园。丽江森林生态系统定位研究站就坐落于该植物园核心区。

2016年，植物医生开始投资并参与丽江高山植物园的园区建设和植物研究，捐资15万美元以快速推进其高山濒危植物保护区建立工作，发起“生物多样性——高山植物保护行动”，目前已帮助超10万株高山植物回归高山并成活。2019年，该行动下建立了野生高山花卉保护基地，植物医生与中国科学院昆明植物研究所形成专门科研团队，计划在后续5年中对野生高山花卉进行专门保护，并选育40种高山花卉，产出1项国家级科研成果、研发2项选育及扩繁关键生物技术，并将科研成果进一步应用于高山植物护肤品研究。

中国科学院西北高原生物研究所是“中国龙胆科植物研究”的第一完成单位。该项成果是目前高山植物研究领域中第一个涵盖从基础到应用研究的大型综合项目，经30年的研究，获得了一批原始性的基础数据和原创性的研究结论，研究所团队出版中文专著2部、英文专著2部，发表研究论文72篇，特别是英文专著《世界龙胆属的专著性研究》不仅是我国第一次有关超过300种大属植物的专著性修订，也是世界上第一次对一个属发表种名超过2 000种的类群进行的分类修订，研究内容不仅对理解青藏高原极端环境下高山植物物种多样性起源、生长及其对环境的反馈和适应机制具有重要意义，而且对保护与合理利用该科植物资源将产生极为重要的影响。

2001年由科学出版社出版的英文版《世界龙胆属植物专著》（A

Worldwide Monograph of Gentiana），由中科院西北高原生物研究所的何廷农、刘尚武两位研究员共著。全书系统总结了龙胆属形态学、胚胎学、孢粉学、细胞学及分布的资料，针对各学科内容都有独立研究，并选择了一些代表性类群使用广义形态数据进行分支分析。分类处理中共涉及 2 048 个名称，最终承认世界龙胆属有 362 种、68 变种（或亚种）。该书获得国内外专家极高的评价，该领域权威学者美国科学院院士、中国科学院外籍院士彼得·雷文（Peter Raven）评价其“对龙胆的分类处理达到世界水准、实用且富有吸引力”，是“目前中国在该领域修订种类最多、研究方法与手段最为完善的第一部世界性的植物系统著作”，是“具有里程碑似的研究工作”。

爱丁堡皇家植物园位于苏格兰首府爱丁堡市，地处苏格兰中部低地福斯湾的南岸，温带海洋性气候，冬暖夏凉，年平均气温为 8 ℃。爱丁堡皇家植物园是世界著名的五大植物园之一，建成于 1670 年，保存了 34 000 种活体植物，其中高等植物 16 405 种（包括 1 279 种珍稀濒危植物），占全世界有花植物的 6.5%。爱丁堡皇家植物园引种的龙胆属植物中，除来自欧洲和美洲的类群外，原产于青藏高原的龙胆属物种较多。由于龙胆属植物多是喜冷的高山植物，而爱丁堡气候为冬暖夏凉，因而其在爱丁堡皇家植物园多种植于室外，夏天可以正常越夏。

8.2.1.2 利用现状

龙胆科植物因大多拥有湛蓝色的龙胆花，曾被认为是地球上最古老的植物之一，龙胆花也被认为是“高原四大名花”之一。龙胆花作为园艺植物，在我国的上海、浙江、四川、山东等地均有其园艺基地，下文介绍了部分代表性企业的生产经营情况。

（1）上海晟沃园艺有限公司，其旗下产品宿根花系列之一的龙胆花盆栽除了有蓝色外，还有玫红色。

（2）上海自然堂集团有限公司，2018 年在西藏林芝鲁朗开展了“自然堂喜马拉雅源头龙胆草生态栽培示范项目”，扎西岗村总共有 68 户 326 位村民长期参与自然堂在当地的公益植物园修建和龙胆花种植，项目每年可为村民带来近 8 万元收入。

（3）山东青岛松良基因科技有限公司拥有《龙胆花的育苗方法及龙胆花的种植方法》专利。

因其药用价值，多地在龙胆种植及以项目形式开展的各类龙胆规范化种植研究中进行了卓有成效的实践。

（1）辽宁省龙胆草面积与产量居全国之首，辽宁省抚顺市清原县位于长白山余脉，是我国最大的龙胆栽培基地。2008 年 12 月，辽宁省抚顺市清原县政府申报的清原龙胆获批国家地理标志产品，标志着清原龙胆地域特色产品将受到法律保护，这极大促进了清原龙胆市场声誉的提升，有利于清原龙胆健康有序发展。2019 年，辽宁地区龙胆草种植面积达 700 公顷，产量 4 000 吨，综合产值 3 亿元。龙胆草种植主要分布在白山市靖宇县，无合作社形式，均为个人种植，种植规模每年变化不大。

（2）辽宁天瑞绿色产业科技开发有限公司承担的国家中小企业创新基金项目《濒危中药材龙胆规范化种植（中试）》，通过了科技部专家组的验收。多年来，公司创新管理模式，开展濒危中药材龙胆的规范化种植研究，与沈阳药科大学、中国医学科学院药用植物研究所、中科院沈阳应用生态研究所等高校、科研院所合作，创建了“企业＋技术＋基地（农户）”的管理运行模式，创新种植工艺，在国内第一个制定出达到国家中药材 GAP 要求的龙胆规范化种植标准操作规程（SOP），共 19 类 184 项，指导了龙胆基地规范化种植并在国内第一个完成了野生龙胆、栽培龙胆指纹图谱和龙胆物种的鉴定，创新了这个领域的基础理论研究。

（3）云南产滇龙胆草（*G. rigescens*）的龙胆苦苷含量平均为 4.77%，品质优良，分布在临沧、楚雄、大理、保山等气候温凉地区的滇龙胆品质较好。云南是滇龙胆的原产地和主产区，产量占全国 95% 以上，是全国最大的龙胆种植基地。云南省临沧市云县自 2000 年移植野生滇龙胆草进行人工驯化栽培成功以来，滇龙胆草种植面积逐年增加，2009 年云县被正式认定为以滇龙胆草为主要品种的“云药之乡”。2008 年以来，全县 12 个乡镇山区、半山区均有人工驯化栽培的滇龙胆草，发展滇龙胆草种植已成为山区、半山区农民增收致富的新的经济增长点。目前，云县已成为云南省滇龙胆草主产区，年产量占全省产量的80%以上。截至2021年底，全县滇龙胆草种植面积约为15万亩，总产值突破2亿元。[①]

8.2.2 高山杜鹃

据《中国植物志》记载，全球杜鹃花科植物约103属3 350种，中国的杜鹃花资源主要分布在西藏、云南、贵州、四川等地。[②] 其中，杜鹃花属（*Rhododendron*）因种类丰富、形态优美闻名于世。杜鹃花属全世界有近900种（不包括种以下的分类等级）。其分布很广，最南界在澳大利亚昆士兰州，仅有1种，北美洲有20多种，欧洲有9种。主要分布在亚洲，其中东亚与东南亚的马来西亚，种类最多，占世界总数的90%以上，仅特有种就有800多种，也是杜鹃花生物多样性最富集的地区。我国共有杜鹃花属植物约570种，其中特有种约420种，其现代分布、分化中心正是我国西南的横断山区和东喜马拉雅地区，此区域分布的杜鹃花植物种类占世界总数的60%以上，仅我国云南、西藏和四川三个地区的杜鹃花植物就占世界总数的40%。[③] 欧美各国的传教士、探险家和"植物猎人"对中国的杜鹃花属植物进行了长达100多年的大规模搜集，培育了上万个新品种。在杜鹃花属植物中，高山杜鹃以其硕大优美的花型、娇艳夺目的花色、优雅婀娜的树姿深受人们的喜爱和关注。

中国的原种高山杜鹃数量占世界的70%，生长于海拔2 500～5 300米的高山、苔原、多岩石地区或沼泽地带。高山杜鹃为常绿小灌木，在自然生长情况下株高可达10米，伞形花序，花冠硕大、花色艳丽，枝繁叶茂，自然花期一般在5—7月，耐低温，怕酷热，忌曝晒，喜湿润凉爽半遮阴的环境，适宜生长温度为15 ℃～25 ℃，大多数品种能耐

① 木永明，郭兴筌．"一株草"铺出山区群众致富路［EB/OL］．（2023-12-28）［2024-02-05］．http：//yn.people.com.cn/n2/2023/1228/c372456-40695457.html.

② 中国科学院中国植物志编辑委员会．中国植物志［M］．北京：科学出版社，1999.

③ 李志斌．高山杜鹃栽培技术研究［J］．中国花卉园艺，2005（6）：22-23.

−20 ℃低温，在盛花期时花团连绵成片，蔚为壮观。目前有关高山杜鹃的研究主要涉及植物资源调查、形态学分类、生态与分布、光合生物学特性、抗逆性、遗传多样性分析、栽培和繁殖技术等领域，利用主要是盆栽、城市园林绿化、专类园等方面。

8.2.2.1 研究现状

国外有关高山杜鹃的研究起步较早，选育了较多品种，实现了苗木产业化。我国是杜鹃花资源分布中心，有着丰富的高山杜鹃种质资源，但高山杜鹃普及应用还明显不够。一直以来关于高山杜鹃的分子研究较少，将分子技术应用到高山杜鹃抗性育种、花色育种等方面的研究还少有报道。部分高山杜鹃品种虽然建立了组培快繁体系，但在大规模工厂化的生产方面有待进一步提高。

(1) 资源调查

杜鹃花在中国的分布，经近代植物学家的调查和标本采集，现已基本清楚。以长江为界，长江以南种类较多，长江以北种类很少。云南最多，西藏次之，四川第三。离分布中心愈远，种类愈少。新疆、宁夏属干旱荒漠地带，无天然分布。[①] 云南、西藏和四川海拔较高，分布的大部分种类为高山杜鹃，多为我国的特有种。据对云南大理苍山、云南高黎贡山、西藏东南部色拉山、四川盆地周边山区及西部横断山脉、四川峨眉山、甘肃东南部和西南部山地高山林区、青海山地寒温带针叶林区等区域的实地调研，这些地区均有各具特色的高山杜鹃分布。

(2) 繁殖技术

种子繁殖。对于杜鹃属植物我国主要从不同生态因子如温度、光照、土壤基质等对种子萌发的影响方面开展了一些濒危物种及部分常见观赏植物的种子繁殖技术研究。自 20 世纪 60 年代起，中国科学院昆明植物研究所下属昆明植物园就对杜鹃花进行引种驯化研究，并摸索出了部分杜鹃花的播种方法。20 世纪 80 年代以来，昆明植物园从杜鹃花的

---

① 张长芹，高连明，薛润光，等．中国杜鹃花的保育现状和展望［J］．广西科学，2004，11（4）：354－359，362．

资源调查入手，对杜鹃花原产地的土壤进行分析，并在此基础上进行引种驯化、栽培繁殖、杂交育种等方面较为系统的研究。目前，昆明植物园已成功引种驯化141种云南野生常绿杜鹃花[①]。1982年，中国科学院庐山植物园开展了引种栽培试验，对引进的260余种杜鹃进行播种育苗，发现凡分布于海拔2 000～3 500米的种类及一些广布种引种栽培后生长良好，而分布在海拔3 500米以上及分布范围窄的种生长不良，多次引种均失败。[②] 高山杜鹃播种繁殖的成苗率普遍不高，林下幼苗数量少，研究种子萌发特性成为播种育苗的前提。温度、光照及浸种技术对不同的高山杜鹃发芽率有不同的影响。[③]

扦插繁殖。高山杜鹃从播种到成苗开花，少则三年，多则八年以上。为节约时间，便于生产应用，我国对扦插繁殖、组织培养等无性繁殖技术也多有研究。高山常绿杜鹃的老枝比嫩枝更易扦插生根，吲哚乙酸、赤霉素处理能促进生根。[④⑤] 尽管扦插繁殖技术具有成本低、生长快、保持母本优良性状等特点，但由于高山杜鹃插条生根困难，扦插繁殖对原材料要求较多，且不同种类在扦插过程中的差异性较大等问题，高山杜鹃采用扦插技术进行规模化繁殖仍有待形成技术体系与规范。

组织培育。国内外研究者在杜鹃花属植物组织培养的外植体选择、基本培养基筛选、植物激素种类及浓度选择等方面进行了大量研究，并取得了显著成果，针对常见的技术问题也提出了相应的对策。但成功进行组织培养的杜鹃花种类有限，大多是常绿杜鹃花，落叶杜鹃花很少。[⑥] 高山杜鹃的组织培养研究多建立在其他园艺杜鹃的基础上，多数

① 张长芹．杜鹃花的杂交育种［M］．北京：中国林业出版社，2000.

② 刘永书．杜鹃花的引种栽培试验初报［J］．江西农业大学学报，1990，12（3）：40－48.

③ 张乐华，刘向平，王凯红，等．不同因子对常绿杜鹃亚属种子萌发及成苗的影响［J］．植物科学学报，2007，25（2）：178－184.

④ 张长芹，冯宝钧，刘昌礼，等．几种高山常绿杜鹃的扦插繁殖试验［J］．园艺学报，1994，21（3）：307－308.

⑤ 张乐华，王书胜，单文，等．基质、激素种类及其浓度对鹿角杜鹃扦插育苗的影响［J］．林业科学，2014，50（3）：45－54.

⑥ 宦智群，耿光敏．杜鹃花属植物组织培养技术研究进展［J］．中国野生植物资源．2021，40（11）：54－62.

以茎尖、茎段、种子为外植体进行诱导试验。[①] 国外也有直接从叶片上得到丛生芽，通过脱分化、再分化途径获得完整植株的实验成果。[②] 目前已建立并优化了多种高山杜鹃组培快繁体系。[③]

(3) 新品种选育

19 世纪初，欧美国家对我国杜鹃花属资源进行了大肆掠夺，尤其在西南高山地区采集了大量杜鹃花标本。1843 年，英国人福琼（Fortune）从中国引种云锦杜鹃，后成为西方园林栽培杜鹃的主要种类和杂交育种最重要的亲本之一，由其为亲本的多代杂交系已不计其数，在今天的欧洲园林几乎随处可见。[④] 美国的杜鹃花应用历史始于第二次世界大战期间。1945 年，在众多杜鹃花爱好者的支持下，美国杜鹃花协会正式成立。美国俄亥俄州霍顿树木园作为美国杜鹃花协会的重要理事单位，在美国的杜鹃花研究和新品种选育上有着重要地位。霍顿树木园高山杜鹃育种工作主要在位于俄亥俄州麦迪逊的大卫·林奇研究站进行。该研究站占地约 12 公顷，专用于高山杜鹃的新品种培育与筛选。研究站内种植着 500 余种观赏树木和 2 000 余种杜鹃花资源及其杂交种。[⑤] 中国杜鹃花属杂交育种起步较晚。1998 年，张长芹等在杂交组合试验中发现，同亚属不同亚组之间的二倍体种高山杜鹃花杂交亲和力较强，不同亚属、组之间的种间杂交，则多表现为不育。[⑥] 2017 年，郑硕理等人在高山杜鹃自然分布区贵州百里杜鹃省级自然保护区和云南石宝山发现，大白杜鹃与马缨杜鹃存在自然杂交现象，且自然杂交后代绝大多数以马缨杜鹃为母本。[⑦] 郑

---

① 洪怡，文晓鹏．马缨杜鹃离体快繁体系的建立及优化［J］．西南大学学报（自然科学版），2012，34（8）：61-66.

② Preece J E. Regeneration of Rhododendron PJM group plants from leaf explants［J］. Journal-American Rhododendron Society（USA），1993，47（2）：68-71.

③ 郭颖．三种高山杜鹃组织培养快繁技术研究［D］．北京：北京林业大学，2015.

④ 王飞．横断山区杜鹃属植物资源调查与 12 种杜鹃引种驯化初探［D］．雅安：四川农业大学，2014.

⑤ 解玮佳．美国霍顿树木园高山杜鹃抗性育种研究［J］．中国花卉园艺，2020（14）：30-31.

⑥ 张长芹，冯宝钧，吕元林．杜鹃花属的杂交育种研究［J］．云南植物研究，1998，20（1）：94-96.

⑦ 郑硕理，田晓玲，黄承玲，等．结合分子手段和形态分析验证大白杜鹃与马缨杜鹃的自然杂交［J］．生物多样性，2017，25（6）：627-637.

硕理等人以云南几种高山杜鹃为亲本，通过人工杂交授粉实验发现，云锦杜鹃、大白杜鹃综合性状优良，杂交亲和性较好，可作为高山杜鹃育种的优秀亲本。云南省农业科学院花卉研究所园林种质创新团队于2006年开始进行高山杜鹃育种工作。通过国外资源引进及国内本土种质资源收集，团队现已收集高山杜鹃资源130余份，立足云南丰富的高山杜鹃植物资源，通过12年的杂交育种，获得了一批具有色彩丰富、带香、生长强健、适应性好等优良性状的栽培品种，已有12个高山杜鹃品种获国家林业和草原局新品种授权。[①]

(4) 生理和栽培技术

高山杜鹃多分布在西南高海拔地区，耐热性差，多喜湿润和冷凉环境。多项研究认为，引种地高温和干旱会极大地影响高山杜鹃的生长发育。[②] 喷施低浓度的外源脱落酸[③]、油菜素内酯[④]、高浓度的 Ca^{2+} 可缓解高温对高山杜鹃幼苗的伤害和在一定程度上提高高山杜鹃的耐热性。[⑤]

光照是影响植物形态和功能的主要因素，植物在长期进化过程中也形成了特有的需光特性。高山杜鹃不同品种对光照的适应能力也不同。何丽斯（2019）等对高山杜鹃的主要光合生理指标测定后发现其光饱和点、光补偿点均较低，说明其对光照的适应性差，较耐阴。杨婷（2012）研究认为云南杜鹃对弱光或较强的光照均能利用，光照适应范围相对最广，光合适应能力最强。

高山杜鹃在园艺上的应用越来越普遍，为配合市场需求，生产中也

---

① 解玮佳，李世峰，彭绿春，等.12个高山杜鹃新品种获授权［J］.中国花卉园艺，2023（4）：44-45.

② 李小玲，雒玲玲，华智锐.高温胁迫下高山杜鹃的生理生化响应［J］.西北农业学报，2018，27（2）：253-259.

③ 李小玲，吉亮亮，华智锐.外源脱落酸对秦岭高山杜鹃抗热性的影响［J］.贵州农业科学，2018，46（10）：33-36.

④ 李小玲，华智锐，李静.油菜素内酯对秦岭高山杜鹃耐热性的影响［J］.河南农业科学，2017，46（8）：126-130.

⑤ 赵冰，付玉梅，丁惠惠，等. Ca^{2+} 处理对秦岭高山杜鹃耐热性的影响［J］.西北林学院学报，2010，25（6）：29-32.

常通过调节温度、喷施药物等方式进行花期调控。[①] 鲜小林等（2015）的研究进一步发现，适当高温和高光强处理能显著提高高山杜鹃花芽内可溶性糖、淀粉、可溶性蛋白和游离氨基酸等营养物质的积累和代谢，促进其花芽发育，有效缩短催花时间，使植株提前进入始花期。[②]

8.2.2.2 利用现状

从19世纪至20世纪初，欧美各国的植物和园艺学家采集了大量高山杜鹃野生资源，并与当地品种杂交选育出上千个新的园艺品种。英国爱丁堡皇家植物园中有全球闻名的杜鹃花植物园，其中不乏大量高山杜鹃种质资源；美国育种专家创新培育出耐高寒、耐盐碱的盆栽高山杜鹃品种；德国、比利时等国在育种的基础上实现了高山杜鹃高度的标准化、商业化、产业化，成就了一批知名的百年苗圃，把高山杜鹃作为商品推向全球。欧洲国家高山杜鹃生产的规模化、品种的园艺化使其发展成当今全球高山杜鹃的育种、创新和生产中心，每年8 000多万株的产量推动了年产值数亿欧元的高山杜鹃产业，在世界花卉市场上占有举足轻重的地位。此外，日本在杜鹃应用方面也有较高水平，日本的杜鹃引自中国，在20世纪后又引入西方的优良品种，通过杂交选育广泛应用到园林、寺院、街道，如今日本在高山杜鹃的盆景制作、修剪、造型创作方面均体现出较高的造诣。

（1）城市园林绿化

高山杜鹃种类繁多、形态各异、花色迷人，是可用于城市绿化的植物，可以因地制宜地应用到公园、庭院、街道、社区等绿地中，在绿化建设中发挥其作用，增加城市生物多样性。

（2）研究开放专类园

高山杜鹃研究开放专类园是指集综合收集、保存、培育与对外开放功能为一体的高山杜鹃专类园。野生高山杜鹃种类繁多，特色显著，分

---

① 宋庆发，张习敏，乙引，等．喷施植物激素对野生马樱杜鹃花期的影响［J］．林业实用技术，2010，(5)：52-53.

② 鲜小林，陈睿．温度与光强对高山杜鹃催花期间花芽营养物质积累的影响［J］．西北植物学报，2015，35（5）：991-997.

布广泛，建造专类园利于进行科学研究，实现系统驯化培育和科普宣传，以加强对高山杜鹃资源的保护和开发。建园的形式可以采用“园中园”，即在植物园中开辟一处区域作为收集高山杜鹃植物的专园。英国爱丁堡皇家植物园和美国华盛顿植物园都建设了杜鹃专类园，在供游人休憩观赏的同时，针对高山杜鹃进行主题科普教育、科研培育和文化宣传推广。此外，也可以采用单独建园的形式，以高山杜鹃种质资源的收集、保护、研究或生产为主要功能，兼顾旅游观光，收集丰富的物种资源，以不同种类的高山杜鹃为景观主题，形成多姿多彩的杜鹃景观风貌。例如位于四川省都江堰市龙池国家森林公园内的中国杜鹃园筹建于1986年，是我国唯一一个以杜鹃花保育与研究为核心目标的植物园，是亚洲地区规模最大、保存野生杜鹃原始种类最多的杜鹃专类园，是集育种、研究、观赏为一体的野生杜鹃种质资源保存基地。30多年来，搜集并繁殖原始杜鹃420余种、30余万株，对我国乃至世界杜鹃植物的保护、研究、科普和开发事业作出了积极贡献。①

(3) 主题森林公园

高山杜鹃主题森林公园以山区大面积的自然杜鹃资源为主题景观，辅以人工修建和改造的设施，形成以高山杜鹃花为特色、突出其旅游观光功能的生态景观区域。如贵州西北部的贵州百里杜鹃国家森林公园，境内有125.8千米^{2}的天然杜鹃花林带，是中国唯一的杜鹃国家森林公园，区域内有高山杜鹃4个亚属、23个种类。每年3—5月花期时节万花齐放，一片姹紫嫣红，壮观的花海景象和浓郁的民族风情使贵州百里杜鹃国家森林公园成为贵州西线旅游的重要风景区，被誉为“国内最大的天然花园”。再如云南大理苍山的杜鹃园。大理苍山又名点苍山，是世界地质公园，面积约为500千米^2，位于滇中高原与滇西横断山的接合部，处于云岭山脉的南端。苍山十九峰夹十八溪形成梳状的地貌。最高峰马龙峰，海拔4 122米。每当春末夏初，这里黄、白、红杜鹃花盛

① 邵慧敏．高山杜鹃汇聚华西亚高山植物园［N/OL］．中国绿色时报，（2022-07-28）［2023-10-20］．http：//www.greentimes.com/greentimepaper/html/2022-07/28/content_3360366.htm.

开，斑斓一片。马缨花、映山红等生长百年以上的大树杜鹃在山间也可见到，久负盛名的苍山早有“杜鹃花故乡”的美誉，并因此名扬中外。丰富的高山杜鹃自然资源有效拉动了我国生态旅游业发展、促进区域经济增长。只有将旅游开发和高山杜鹃种质资源保护两者有机结合，使其更好地相互促进与依存，才能实现产业与资源保护可持续发展。

(4) 盆景与盆栽

在各种杜鹃花植物品系中，高山杜鹃以其艳丽的花色、饱满的株型、耐寒抗冻的特性脱颖而出。可选择株型相对矮小的杜鹃作为室内居家摆设的盆栽，置于茶几、窗台、花架、墙角等处，不仅可美化居住环境、净化室内空气，而且赏心悦目。在酒店、博物馆、影剧院、商场、广场等公共场所可选择株型稍大的高山杜鹃盆栽，供人们观赏品评，并可烘托氛围、点缀环境。除了室内布置应用，高山杜鹃盆栽还可以应用在街头公园的花坛、花境、花带、花架或园林小品、庭院中，采用规则式、自然式、混合式、组合式等布置方式增添喜庆氛围。

高山杜鹃根桩苍劲古朴、枝干虬曲多姿、叶片繁茂油绿、花色艳丽繁多，具有较强的抗逆性和适应性，生长速度较缓慢，是盆景制作和插花艺术的优良材料。高山杜鹃盆景造型形式多样，根据不同形式的盆景，可选择不同特性的高山杜鹃种类。例如，马缨杜鹃（*R. delavayi*）、长蕊杜鹃（*R. stamineum*）、露珠杜鹃（*R. irroratum*）等有粗壮的根系，略加修剪即可成为树桩盆景，适合制作成单干式、树桩式、提根式、卧干式等体现高山杜鹃遒劲枝干的盆景；云锦杜鹃（*R. fortunei*）、美容杜鹃（*R. calophytum*）等品种以其独特的花形、艳丽的花色、丰富的花量见长，适合制作成球状式、片状式等凸显花和叶的观花、观叶盆景。

8.2.3 绿绒蒿

绿绒蒿是罂粟科（Papaveraceae）绿绒蒿属（*Meconopsis*）植物的总称，一年或多年生草本，因其花朵绚丽多姿、植株形态特殊而引人注目，是观赏和药用价值极高的野生花卉品种，且有巨大育种潜力。主要生长于海拔 2 800～5 400 米的草甸、高山和流石滩地带。全球有罂粟科绿绒蒿属植物约 79 种，除西欧绿绒蒿（*M. cambrica*）分布于西欧外，其余均分布于东亚地区，其中约 80%的种类在中国境内有分布。[①]

绿绒蒿植物按花朵颜色可分为四类：黄色花瓣的全缘叶绿绒蒿（*M. integrifolia*）、锥花绿绒蒿（*M. paniculate*）、细梗绿绒蒿（*M. gracilipes*）等；蓝色花瓣的五脉绿绒蒿（*M. quintuplinervia*）、藿香叶绿绒蒿（*M. betonicifolia*）、川西绿绒蒿（*M. henrici*）、毛瓣绿绒蒿（*M. torquate*）、总状绿绒蒿（*M. racemosa*）、多刺绿绒蒿（*M. horridula*）等；红色花瓣的红花绿绒蒿（*M. punicea*）、滇西绿绒蒿（*M. impedita*）等；白色花瓣的白花绿绒蒿（*M. argemonantha*）、高茎绿绒蒿（*M. superba*）等。

绿绒蒿自 19 世纪末被“植物猎人”发现以来，一直备受世人关注，研究者们也对其青睐有加。然而，全球气候变化背景下的环境改变及人为活动因素造成的栖息地破坏和野生资源过度开发，严重威胁着绿绒蒿的生存与可持续利用。近年来，绿绒蒿的研究主要涉及植物化学和药理学、生理生态学、繁殖生物学和分子生物学等领域，并取得了一定的进展，为绿绒蒿野生植物资源利用与原生地物种保护、优化绿绒蒿研究的基础理论和应用体系奠定了基础。

8.2.3.1 研究现状

中国作为绿绒蒿种质资源最丰富的国家，拥有得天独厚的研究优势。根据对改革开放后发表的相关文献检索和分析，[②] 绿绒蒿研究大致可分为三个阶段：研究初期（1980—1995 年），这一阶段研究相对较少，主要关注于绿绒蒿的分类鉴定，并开始注重天然产物等化学方面的研究；研究中期（1996—2005 年），主要关注点在传统藏药的化学成分鉴定和动物试验及民族植物学等方面；研究近期（2006—2022 年），随

---

① 周海艺，张旭，徐畅隆，等．中国绿绒蒿属新资料［J］．西北植物学报，2021，41（10）：1781－1784.

② 石凝，王金牛，宋怡珂，等．全球绿绒蒿属植物研究势态文献计量学综述［J］．草业科学，2020，37（12）：2520－2530.

着天然药物的兴起，越来越多的研究者将视线集中到绿绒蒿的化学成分提取、鉴定，药理作用，组织培养再生体系的建立，分子生物学等层面，以及全球气候变化与日益加剧的人类活动干扰下绿绒蒿的环境适应性等方面的研究。通过脉络梳理我们可以发现，有关绿绒蒿的研究逐渐由早期的物种分类鉴定向化学成分分析发展，呈现出多学科交叉的趋势，为绿绒蒿的深入研究和利用奠定了基础。

(1) 化学成分、药理活性和定量分析

多年来，国内外绿绒蒿的研究主要聚焦于化学成分、药理活性和定量分析方面。学者对绿绒蒿的化学成分做了研究，通过正向柱、反相柱、MCI、LH－20 等色谱柱分离出化合物，随后通过红外光谱、核磁共振、质谱、紫外光谱等技术加以结构鉴定，确定了多类化学物质，目前在绿绒蒿属植物中发现的生物碱类有 42 种，主要有麦奎宁、去甲血根碱、黑水罂粟碱、吗啡烷、小檗碱、原阿片碱类、阿扑吗啡、二氢血根碱等。[①] 黄酮类约有 40 多种，主要有木犀草素、双氢槲皮素、槲皮素、草棉素、小麦黄素、大风子素等。[②] 挥发油类物质主要含有芳香族化合物、醇类、脂肪族化合物、萜类化合物等成分。[③④] 除此之外，还有原儿茶酸、羟基桂皮酸、咖啡酸、对羟基肉桂酸等小分子物质。[⑤] 对绿绒蒿属植物的定量分析主要集中于生物碱[⑥]及黄酮类[⑦]成

① 吴海峰，丁立生，王环，等．绿绒蒿属植物化学成分及药理活性研究进展 [J]. 天然产物研究与开发，2011，23 (1)：163－168.

② 杨苗，史小波，闵康，等．绿绒蒿属植物化学成分及药理活性研究进展 [J]. 中成药，2010，32 (2)：279－283.

③ 吴海峰，潘莉，邹多生，等．3 种绿绒蒿挥发油化学成分的 GC－MS 分析 [J]. 中国药学杂志，2006，(17)：1298－1300.

④ 徐达宇，陈湘宏，康文娟，等．不同提取方法提取藏药五脉绿绒蒿挥发油主成分的研究 [J]. 青海医学院学报，2016，37 (3)：164－169.

⑤ 郭志琴，郭强，朱枝祥，等．藏药多刺绿绒蒿的化学成分研究 [J]. 中国中药杂志，2014，39 (7)：1152－1156.

⑥ 孙政华，郭玫，邵晶，等．大孔吸附树脂纯化富集五脉绿绒蒿总生物碱 [J]. 中成药，2016，38 (1)：77－83.

⑦ 向海燕，黄艳菲，金乾，等．UPLC 测定全缘叶绿绒蒿花中 3 种黄酮类成分 [J]. 中国实验方剂学杂志，2018，24 (1)：51－55.

分。目前的研究主要集中在五脉绿绒蒿（*M. quintuplinervia*）、全缘叶绿绒蒿（*M. integrifolia*）、多刺绿绒蒿（*M. horridula*）、红花绿绒蒿（*M. punicea*）等少数几个种，未来研究可以向更多的种拓展，对其有效成分进行属内比较分析及同一物种不同产地活性成分的差异分析，同时加强药理作用机制的研究和主要活性成分的定量研究，发掘该属特殊的药用价值，进而对该属植物的资源利用筛选提供有益参考。

（2）人工栽培

国内绿绒蒿在人工栽培方面还处于相对初级的阶段，对种子萌发特征[①]、休眠破除方法[②]及幼苗生长方面[③④]的研究相对较多。研究表明，绿绒蒿蓝色花、紫色花的形成与其生境土壤中含量丰富的铁离子、锰离子有关。[⑤] 绿绒蒿可能偏向于湿度较高、pH 偏酸性且电解质含量高、营养成分丰富的土壤。温度会直接影响植物体内的酶活性，进而引起一系列代谢过程的变化而影响植物的生长发育，野外调查发现野生的绿绒蒿有些甚至会在其生境被积雪覆盖时开花。人们通过分析绿绒蒿在不同温度下光合作用相关生理特征发现，在相对高温环境（30 ℃）下其光合产物积累会明显下降，绿绒蒿正常的生长发育需求难以被满足。经研究分析，绿绒蒿属植物的正常生长所需条件可归纳为较长的光照时间、偏低的温度、腐殖质丰富的土壤和较多的水分，绿绒蒿属植物通常生长在植被较少、病虫害难以发生的环境中，这可能与其适应了特定的高海

---

① 屈燕，区智，尤小婷，等．不同实验条件对总状绿绒蒿居群种子萌发特性的影响［J］．种子，2015，34（2）：90－93.

② 达清璟，陈学林，管熊娟，等．多刺绿绒蒿种子休眠及破除方法［J］．生物学通报，2018，53（4）：51－56.

③ 王盖，区智，屈燕．不同温度对总状绿绒蒿幼苗生理特性的影响［J］．西南农业学报，2016，29（8）：1834－1838.

④ SULAIMAN I M，BABU C R. Ecological Studies on Five Species of Endangered Himalayan Poppy，Meconopsis（Papaveraceae）［J］. Botanical Journal of the Linnean Society，1996，121（2）：169－176.

⑤ YOSHIDA K，KITAHARA S，ITO D，et al. Ferric Ions Involved in the Flower Color Evelopment of the Himalayan Blue Poppy，Meconopsis grandis［J］. Phytochemistry，2006，67（10）：992－998.

拔、低温和长日照条件有关。虽然在这种环境下病虫害较少，但在后续人工栽培中仍应注意及时除草以及病虫害防治，以防因环境变化导致的潜在问题。

2016 年，西藏自治区藏医院生药研究所在基地内建立了仿野生培育生境，采取种子繁殖方法，系统分析绿绒蒿属植物种子生理状态及萌发特性等，同时实时对照实验室数据，测试大田种植技术的稳定性并开展大田种植试验。目前，大花绿绒蒿（*M. grandis*）、锥花绿绒蒿（*M. paniculata*）、藿香叶绿绒蒿（*M. betonicifolia*）、单叶绿绒蒿（*M. simplicifolia*）、全缘叶绿绒蒿（*M. integrifolia*）、红花绿绒蒿（*M. punicea*）六种濒危绿绒蒿属物种人工培育获得成功。[①]

2017 年，北京植物园绿绒蒿课题组分别从中甸高山植物园、丽江高山植物园和相关种子公司引种绿绒蒿种子十种，通过预实验、不同温度和不同激素处理的实验进行播种条件的摸索。2019 年，世界园艺博览会在北京延庆举办，由北京植物园成功引种栽培的总状绿绒蒿和藿香叶绿绒蒿首次亮相中国馆地下一层珍稀濒危植物展，受到社会各界的广泛关注。“稀世之花”首次在平原地区绽放，在国内外植物界引起轰动。[②]

8.2.3.2 利用现状

绿绒蒿作为青藏高原地区特有的具有较高经济价值的植物，目前国内主要应用于传统藏医药，同时因具有较高的观赏性，也作为一种独特的珍稀高山花卉享誉海内外，有极大的应用潜力。但由于种质资源不断缩减及缺乏系统的人工栽培技术，难以大范围应用。

国外对绿绒蒿属部分物种的人工栽培工作已经初见成效，英国的皇家园林邱园、爱丁堡植物园以及日本白马五龙高山植物园不仅成功培育

---

① 许万虎，黄兴．我国濒危物种绿绒蒿在西藏人工培育成功［EB/OL］.（2016－06－30）［2024－03－05］. https：//news. cctv. com/2016/06/30/ARTIwAVXa4kQ7wErywoaUgs9160630. shtml.

② 魏瑶，王雪芹．“高原美人”绿绒蒿首次平原露地开花［J］. 绿化与生活，2020，（7）：33－36.

了人工栽培种的绿绒蒿，近年也致力于野生种的培育，总状绿绒蒿、全缘叶绿绒蒿、巴朗山绿绒蒿都有成功开花的例子。① 国内绿绒蒿生态适应性研究集中于种子萌发阶段，仅有北京植物园、西藏自治区藏医院等个别研究单位尝试人工栽培绿绒蒿植株的报道。未来应扩大研究范围，获得更多种群的资料，进而利于筛选出其中有突出价值的种类进行深入研究。同时应推进绿绒蒿的生态适应性试验研究，为其人工栽培及后续药物、园林应用打好基础。

目前作为藏药使用的绿绒蒿属植物有近 20 种，如多刺绿绒蒿（*M. horridula*）、五脉绿绒蒿（*M. quintuplinervia*）、全缘叶绿绒蒿（*M. integrifolia*）和长叶绿绒蒿（*M. lancifolia*）。多种药用绿绒蒿属植物的使用方法记载于《中药大辞典》《中华本草》等医学著作。绿绒蒿属药用植物在西藏等地入药历史悠久，具有消炎、清热、镇静止痛等功效，现代药理研究表明其具有保肝护肝、抗氧化、抗炎、抗心肌缺血等作用，其中保肝护肝作用备受人们关注。

近年来我国对绿绒蒿在化妆品领域的应用也有研究。上海交通大学生命科学技术学院和伽蓝（集团）股份有限公司，从分子水平上研究冰川水和五脉绿绒蒿提取物对人真皮层纤维细胞（HDF－a）的代谢水平、Ⅰ型胶原蛋白和弹性蛋白表达及透明质酸含量的影响等方面开展研究。结果表明，通过冰川水和五脉绿绒蒿提取物对人真皮层最主要的细胞的影响可以预期：冰川水和五脉绿绒蒿提取物能够在一定程度上加强皮肤代谢、保持皮肤水嫩、增强皮肤弹性，具有一定的抗衰老和保湿等美容功效，可作为添加剂应用到护肤品中。②

8.2.4 报春花

报春花属（*Primula*）隶属报春花科（Primulaceae），为该科的第一大属，约有 500 种，主要分布于北半球温带和高山地区，仅极少种类

---

① 坪井勇人，刘瑜宏．盛开在日本的高山植物园［J］．森林与人类，2016（4）：108－113.

② 陈迪，章漳，蒋耀权，等．冰川水和五脉绿绒蒿提取物的美容功效研究［J］．日用化学工业，2017，47（4）：207－211.

分布于南半球。[①] 就地理分布而言，该属是一典型的分布广、特有化程度很高的属。从全球分布来看，其为世界广布属，但大多数种类局限分布于我国。报春花属我国产约300种，全国均有分布，但主产西藏、云南和四川，陕西、湖北、贵州次之，其余各省份甚少。其中以东喜马拉雅—横断山区种类最丰富，此地是报春花属的现代分布中心和多样化中心。该区域不仅种类分布丰富，而且原始类群最集中，因此有可能是本属植物的起源中心。[②]

报春花属植物在园艺上统称为"报春花"（primrose），早春开花为本属植物的重要特性，中文名"报春"和学名中的"Prmiula"均含有"早花"的意思。报春花属植物通常为多年生草本，为典型的暖温带植物，绝大多数种类分布于较高纬度低海拔或低纬度高海拔区域，适应气候温凉、湿润的环境和排水良好、富含腐殖质的土壤；不耐高温和强烈的直射阳光，多数种类亦不耐严寒。报春花是我国的传统花卉，明代、清代以前就广泛栽植，在国外也有数百年的栽植历史。其因花色多样、艳丽、观赏价值高而倍受园艺学家青睐，近些年已经逐渐成为世界著名的观赏花卉，被誉为"世界三大园艺植物"之一，与杜鹃、龙胆并称为"中国三大高山名花"。目前有许多种类及其园艺栽培种是欧美庭园装饰的常用材料，也是布置岩石园、高山园、野趣园和沼泽园等场所的重要花卉之一。

8.2.4.1 研究现状

1821年，英国人将藏报春（*Primula sinensis*）引入伦敦，获英国皇家园艺学会大奖，引起园艺界重视。自19世纪末至新中国成立前夕，欧美各国不断派专人来我国采集报春花属植物种苗和标本，运回国栽培，一时成为植物分类学界和花卉园艺界的热点，仅英国爱丁堡皇家植物园就栽培了自我国引种的报春花100种以上。[③] 我国对报春花属植物

---

① 陈封怀，胡启明．中国报春花科植物系统分类研究［J］．中国科学院院刊，1996（6）：445－446.

② 胡启明．报春花科植物的地理分布［J］．热带亚热带植物学报，1994，2（4）：1－14.

③ 胡启明．中国的报春花［J］．科技导报．1998（7）：61.

的研究开始较晚，陈封怀教授自 1936 年起对我国报春花属植物进行了系统整理，曾在中国科学院庐山植物园引种报春花数十种，对报春花的引种栽培起到了倡导作用（陈俊愉，1990）。中国科学院中国植物志编辑委员会 1990 年完成了《中国植物志》报春花科的编纂工作，并对我国报春花科植物进行了全面整理，以传统分类为基础研究了英、美、法等国的标本 8 万余件，在我国的西南等地进行实地考察并进行栽培试验，运用有关分支学科的理论和方法，对我国报春花科植物的种类、演化趋势、亲缘关系、生态特性和经济用途进行了全面深入的研究。多年来，报春花属植物的研究主要集中在种质资源调查、引种驯化与栽培繁殖、品种选育、细胞学和分子生物学研究、野生报春花的资源现状及利用等方面。

（1）种质资源调查

报春花属植物主要分布在北半球温带和高山地区，仅有极少数种类分布于南半球。但大多数组的分布均有一定的区域性，可将报春花属的 30 个组归纳为 13 个分布型（陈封怀等，1990），沿喜马拉雅山两侧至云南、四川西部是本属的分布中心。胡启明（1990）对我国报春花属植物的分布作了较全面的报道，指出西藏有报春花属植物 129 种、云南 128 种、四川 117 种、甘肃 20 种、贵州和青海共 15 种、陕西 12 种、湖北 10 种，其他有分布的省份累计不足 10 种。云南的报春花分布于海拔 800 米以上的亚热带地区至海拔 4 800 米的高寒山区，以滇西北海拔 3 000～4 000 米的高寒地带最多。如西藏色季拉山、云南无量山、四川峨眉山、四川瓦屋山、云南大理苍山、云南玉龙雪山等地均有野生报春花资源分布。不同学者在对野生报春花种质资源进行调查的同时，也分析了它们的生境类型，探讨了部分种的致濒原因，普遍认为生境的破碎化、人为干扰及伴生植物的大量丧失是导致报春花属植物致濒的主要因素，部分学者还提出了就地保护与迁地保护相结合的保护措施。

（2）引种驯化与栽培繁殖研究

中国报春花的栽培史较长，根据地方志的记载，云南民间有将报春花盆栽供春节欣赏的传统习俗。但真正的引种驯化工作始于 20 世纪 30

年代中期，此后，中国科学院华西亚高山植物园也引种了 40 余种报春花进行栽培试验，发现海拔 3 000 米以下的种类较易引种成活，但也指出只要完善基地的设备及加强管理，满足各个种的生态要求，高海拔地区种类也完全有可能引种成功（何关福，1996）。进入 20 世纪 90 年代，关于报春花属植物野外资源的引种驯化工作开展得越来越多，不少单位陆续开展了多种报春花的引种驯化研究，但引种栽培集中在少数种，如岩生报春（*P. saxitilis*）、高穗花报春（*P. vialii*）、灰岩皱叶报春（*P. forrestii*）、海仙报春（*P. poissonii*）、橘红灯台报春（*P. bulleyana*）、偏花报春（*P. secundiflora*）和钟花报春（*P. sikkimensis*）等。引种试验研究表明：大多数观赏价值较高的种分布海拔较高，引种驯化相对比较困难，因此能真正驯化的种类只是少数，而且缺乏对所引种材料的进一步选育及其园林应用的研究。大部分报春花属植物可以通过种子播种繁殖，国内学者李长海（1994）、徐振华等（1999）、张长芹（2003）、黄媛（2004）、张晓曼（2005）、吴之坤等（2005）均先后对报春花属种子活力或萌发特性等进行了研究。在园艺栽培中，报春花主要采用播种繁殖。为了扩大繁殖系数，部分学者进行了报春花叶片、叶柄和花蕾的组培及快繁研究，如李彦舫等（1992）、侯云屏（2001）、张淑娟（2002）、娄和林等（1996）、金晓霞等（2005）。近年来，报春花属植物的生理生态特性也逐渐成为研究热点。张艳丽（2003）、刘飞虎等（2004）、苏文华等（2002）开展了报春花的光合特性等方面的研究。以常规的种内杂交等方式繁殖的报春花品种在市场上屡有所见，但相关的资料报道却相对较少。

国外报春属植物的引种驯化栽培历史已有数百年，最早被引种驯化的是一些原产当地的野生种类，如：黄花九轮草（*Primula veris*）和欧报春（P. *acaulis*）等，其中引种自阿尔卑斯山的耳叶报春（*P. auricula*）已经有近四百年的栽培历史（Richards，1993）。由于英美的气候及土壤条件对引种自东方植物有利，如英国多湿而土壤多为酸性，近似我国西南部的环境，因而英国在报春花属植物资源引种栽培及驯化方面取得了很大的成就（廖馥苏，1966）。西方也因此涌现了一大批在报春花属植物资源采集和分类学研究方面比较知名的采集家或学者。

英国人 Hooker 是第一个向世人描绘喜马拉雅山地区至中国西南地区拥有丰富报春花资源的植物学家，他搜集了许多新品种，成功驯化了目前仍在英国栽培的钟花报春（*P. sikkimensis*）和头序报春（*P. capitata*）。法国植物采集家 Delavay 于 1867 年来到中国采集引种植物，他在云南大理东部山区住了 10 年，收集了 4 000 余种植物，其中约 1 500 种是新种，寄回法国 20 多万份腊叶标本。他引种的报春花属植物有垂花报春（*P. flaccida*）和海仙报春（*P. poissonii*）等。另外，日本也于近几十年开始了对报春花属植物的引种栽培工作，目前在日本富士山栽培的报春花已有数十种（朱慧芬，2001）。国外学者在引种驯化的基础上，也开展了大量与引种驯化与繁殖育种相关的基础研究工作。分别在种子生物学、生长发育与开花生理、繁殖和育种、细胞与遗传学、繁殖生态学等方面取得了丰硕的研究成果。[①]

(3) 细胞学研究

报春花科植物的细胞学研究开始于 20 世纪早期，1955 年就已有对报春花属、点地梅属等 16 个属近 200 种植物进行了染色体数目或核型的报道（Darlington，1955）。在报春花属的细胞学研究方面，Bruun 作出了很大的贡献，他曾对 100 多种报春花属植物进行过染色体的观察与初步研究，并指出了其核型与报春花属内分类的相互关系（Brunn，1932）。截至 2006 年，报春花属已经有近 280 个种有过细胞染色体数目的报道，占整个报春花属植物种类的 55%～56%（Brunn，1932；Wanner，1943；Fedorov，1969；Nakata et al.，1997；Goldblatt，1981；Goldblatt，1984；Goldblatt，1985；Goldblatt，1988；Goldblatt，1990；Goldblatt，1991；Goldblatt，1994；Goldblatt，1996；Goldblatt，1998）。

国内关于报春花属的细胞学研究报道不多，主要成果来自朱慧芬等（2001）、薛大伟等（2003）、张小曼等（2007）、吴之坤等（2007）学

① 吴兴．国产报春花属（报春花科）种质资源及细胞学研究［D］．广州：华南农业大学，2017.

者。世界范围内报春花属的细胞学研究已经较为深入，目前已有半数以上的种类有染色体数目的报道。

报春花属为典型的辐射演化类群，其种间亲缘关系复杂，造成属下分类系统划分和物种界定均面临困难。中国科学院华南植物园在这方面开展了许多工作，包括：针对报春花属开展了详尽的文献收集和标本鉴定工作；在其主要分布区进行野外调查；在群体水平上开展形态学、孢粉学和细胞学研究，并评价重要性状的分类学价值；采用系统发育基因组学方法重建报春花属的系统发育关系；综合多学科证据进行报春花属的分类处理。

8.2.4.2 利用现状

从 19 世纪末越来越多的英国、美国等国家的植物学者陆续到中国采集报春花的种苗算起，时至今日，不少种类的报春花在欧美已经有超过一百年的栽培应用历史，而阿尔卑斯山原产的耳叶报春（*P. auricula*）已经有近四百年的栽培历史。欧美长期的园林应用表明，报春花属有不少种类可以作为优美的盆栽花卉、花坛花卉和宿根花卉，同时很多种类适宜高山景观和岩石园景观的构建，具有较高的观赏价值和应用价值。目前国外已经培育出的大量亲本都来源于中国的品种，并逐步推广应用到世界其他国家。

英国植物学家 David Philbey 在对欧洲地区报春百余年的栽培历史总结中写道：原产欧洲的报春的杂交种已经超过 700 种（David，2004）。而中国对报春花属植物的园林应用仅局限于藏报春（*P. sinensis*）、四季报春（*P. obconica*）、欧报春（*P. acaulis*）等品种。中国丰富的报春花资源未能得到研究者足够的重视，同时也因为报春对夏季高温的适应性较差，严重影响了其合理的园艺开发利用。

据云南省科技厅报道，2013 年云南省重点新产品计划项目“云南特色报春花新品种选育及产业化示范”顺利完成相关研究和开发任务。项目组收集报春花野生种质资源 72 种（变种和品种），选育了 6 个新品种并获得云南省授权；建立了新品种的早期鉴定和品种评价体系。5 个新品种已进行规模化生产，建立生产示范基地 3.5 公顷，生产数量达

150 万株。推广报春花种植 10 公顷，累计新增产值 1 200 万元，新增销售收入 2 995 万元，新增利润 94 万元，新增税收 23.5 万元；带动 30 余户农户从事报春花的种植。项目执行期间承担企业被认定为高新技术企业和云南省创新型试点企业。

除了观赏价值，报春花还具有一定的药用价值。中医认为，报春花具有清热解毒、消肿止痛、凉血止血等功效。现代医学研究也证实，报春花中含有多种生物活性成分，具有抗氧化、抗炎、抗菌等作用。因此，报春花在中草药领域也具有一定的应用价值。云南滇西北湿草地、沼泽草甸和林缘处生长的偏花报春（*P. secundiflora*）、钟花报春（锡金报春）（*P. sikkimensis*）花朵可入药，有清热燥湿、泻肝胆火、止血等作用；滇西北球花报春（*P. denticulata*）的根入药，治虚痨，被称为“野洋参”。偏花报春（*P. secundiflora*）在云南、四川、贵州、西藏、内蒙古等地区有分布，其味苦性寒，可清热燥湿，泻肝胆火，煎汤内服治小儿高热抽风、急性胃肠炎、痢疾等，外用有止血功效。峨眉报春（*P. faberi*），生于四川等地的山坡上，它和苣叶报春的带根全草，煎汤内服可除湿热、止汗等。需要注意的是，藏报春（*P. sinensis*）等一些品种，颜色、香气诱人，但周身有许多细毛，如果随意采摘，皮肤会由于细毛分泌出的一种毒汁而产生过敏反应，奇痒难熬。①

中国西南地区是报春花属植物起源、演化和现代分布中心，种类繁多、资源丰富。对于丰富的报春花属植物资源，相关部门应做好以下工作：继续开展报春花种质资源的调查、收集工作，建立种质资源数据库；积极加强报春花种质资源的就地保护或迁地保护工作，制定资源保护、利用策略和措施，建立相应的野生报春花专类园或保护区，保护濒危野生种类；充分利用报春花的资源优势，借鉴国外先进的育种技术和方法，建立科学的栽培繁育技术体系，加快野生报春花资源的引种驯化及培育，不断选育新品种，为园林应用打下坚实的基础；加强宣传和教

---

① 冯志舟．报春花及其药用价值［J］．云南林业，2004（6）：23．

育，增强人们保护野生花卉及其生长环境的意识。同时，还要加强报春花属植物在园林应用方面的研究，如报春花用作切花、盆花、岩石园的布置，以及城市园林绿化中与其他植物的配置形式等，营造更多富有自然野趣的城市植物景观。

图书在版编目（CIP）数据

世界高山花卉研究 / 李露，张应青主编. -- 北京 ：中国农业出版社，2024. 7. -- ISBN 978-7-109-32156-4

Ⅰ. S68

中国国家版本馆 CIP 数据核字第 2024GW2316 号

世界高山花卉研究

SHIJIE GAOSHAN HUAHUI YANJIU

中国农业出版社出版

地址：北京市朝阳区麦子店街 18 号楼

邮编：100125

责任编辑：胡晓纯　邓琳琳　孙鸣凤

版式设计：王　晨　　责任校对：吴丽婷

印刷：北京中兴印刷有限公司

版次：2024 年 7 月第 1 版

印次：2024 年 7 月北京第 1 次印刷

发行：新华书店北京发行所

开本：700mm×1000mm　1/16

印张：12.25

字数：176 千字

定价：69.00 元
